创新，是情感与理性、浪漫与科学的结合。

——法国前总理 拉法兰（Jean-Pierre Raffarin）

浪漫

最 好 的 心 灵 礼 物

王云　著/插画

北京大学出版社
PEKING UNIVERSITY PRESS

图书在版编目(CIP)数据

浪漫：最好的心灵礼物/王云著.—北京：北京大学出版社，2015.2

ISBN 978-7-301-25028-0

Ⅰ.①浪… Ⅱ.①王… Ⅲ.①人生哲学－研究 Ⅳ.①B821

中国版本图书馆CIP数据核字(2014)第245726号

书　　名　浪漫：最好的心灵礼物
著作责任者　王　云　著
责任编辑　郝　静(haojing_mail@163.com)
标准书号　ISBN 978-7-301-25028-0
出版发行　北京大学出版社
地　　址　北京市海淀区成府路205号　100871
网　　址　http://www.pup.cn　　新浪微博：@北京大学出版社
电子信箱　zpup@pup.cn
电　　话　邮购部62752015　发行部62750672　编辑部62756923
印　刷　者　北京中科印刷有限公司
经　销　者　新华书店
　　　　　880毫米×1230毫米　32开本　9.5印张　250千字
　　　　　2015年2月第1版　2015年2月第1次印刷
定　　价　42.00元

自 序

浪漫，是梦想成真的节奏

我在时尚界与形象界多年，一向认为任何视觉的表象都无法脱离精神和心灵的底蕴。我不一定是个浪漫的人，但我是欣赏和洞察浪漫的人。

我曾浮想联翩，时常自问哪一种特质格调令人心潮澎湃、神情激荡，却又可以不分男女老少、高矮胖瘦、贫富美丑，不受限于人的动静表里呢？于是我想到了“浪漫”，我发现，浪漫是个如此宽泛又包容的字眼，她既可以是18世纪以强烈的情感为源头的美学体验，也可以是中国古诗中纵情使用的逍遥；既可以是恋人间的柔情蜜意，也可以是每个人心中的那片温柔的沃土； 既可以是令人神往的意外惊喜，也可以是重复的平凡与平常；既可以是恢弘豪迈的激情，也可以是心静如水的婉约；既可以是妩媚动人的外表，也可以是内在心灵的释放……

每个人心中的浪漫是不同的，浪漫，可以是光彩照人的字眼，比如性感、妩媚、激情四射；也可以是朴实内敛的字眼，比如静谧、心如止水，润物细无声……

浪漫是什么？或许只是一句话，一个眼神，一个微笑或是一段重复着平常的时光，也许，它什么也不是？

其实浪漫是什么并不重要，你只需去体会、品味、感受这个有真、有善、有美、有爱的世界，那一目了然的五彩缤纷固然让人心花怒放，而那些孕育在你心中的梦幻与向往，无论是否变成现实，只要有爱有梦曾追寻过，谁又能说这不是一种浪漫呢？

每个人心中的浪漫表达形式不同，但每个人心中都有那浪漫的一角，那似乎是你内心最柔软的至善至美的部分。带着对自然、对人、对事的深情投入，那质朴清纯的心境与情怀，就能让浪漫浮现出令人怦然心动的灵性的光辉！

我理解的浪漫，是一种生活态度，一种洋溢着灵性力量的精神食粮，一种内心永不褪色的人生活力！

本书的出版，有幸得到了法国前总理拉法兰先生的支持，在此深表感谢！

我一边写文字，一边画插画，是希望奉献给我的读者们一份用心谱写和绘制的爱，你就是爱，希望你和你爱的人能喜欢这本书，感谢各位亲！

目录

Contents

Romantic

Chapter 2

谁能读懂你的情思

Chapter 3

活得漂亮，你就精彩

Chapter 1

你的心灵永远自由

Sunny
浪漫观点

“你在白天的太阳前面是自由的，在黑夜的星辰前面也是自由的；在没有太阳、没有月亮、没有星辰的时候，你也是自由的。就是在你对世上一切闭起眼睛的时候，你也是自由的。但是你是你所爱的人的奴隶，因为你爱了他。你也是爱你的人的奴隶，因为他爱了你。”纪伯伦在《沙与沫》中的这段话，道出了浪漫的自由，也道出了爱的纠结。

其实，每个人都可以是塑造自己的工程师，做自己心灵王国的主人，这正如梭罗所言：“一个有时间增加他灵魂的财富的人才能真正享受闲暇。”

尊重自己与他人心灵自由是爱的体现，静下心来，点亮你心中的光，体悟自己的内心，与自己对话，和自己做朋友，找寻自己独一无二的特质，聆听自己内心的呼声，你的心灵也将获得净化与超脱。

源于内在的浪漫相对论

浪漫是什么？

“好浪漫啊！”女人通常这样说。

“我怎么没看出来？”有些男人笑而不语。

男女大不同。

“天上到底有多少颗星星呀？”天真烂漫的孩子经常这样问。

“这是你爷爷当年给我的定情礼物！”老奶奶兴致勃勃地这样回忆着。

老少也不同。

浪漫是一种令人心情愉悦的情怀体验，男女老少都有浪漫基因。

儿童的浪漫：童言无忌，相信童话里的奇迹。

少男少女的浪漫：活力四射，在花季里编织青春的璎珞。

青年人的浪漫：蓬勃奋发，在磨砺中散发激情。

中年人的浪漫：点亮心灯，在成熟中神情激荡。

老年人的浪漫：硕果分享，在祥和中挥洒自如。

浪漫本身就是万种风情，像一个色彩丰富的万花筒。

女人和孩子往往是外露的浪漫，

男人和老人经常是内敛的浪漫；

外向的人表达显性的浪漫，

内向的人表达隐性的浪漫。

浪漫，Romantic，罗曼蒂克，可以说是最感性、最令人怦然心动浮想联翩的感动，中国人的舶来词，富有诗意、充满幻想。浪漫是哭泣的时候最想依靠的肩，是相互安慰的拥抱，是默默鼓励的眼神，是细致的关心，无语的体贴……是欣赏，是了解，是默契……

浪漫是任意，无拘束的。也叫烂漫，〔宋〕张镃《过湖至郭氏庵》诗："山色稜层出，荷花浪漫开。" 浪漫的"浪"字，右边是一个"良"，说明浪漫源于一切美好的事物。

浪漫，与外表、年龄、性别没有绝对必然的联系，也不限于气质举止，更关乎你的情怀、精神和心灵。不管你是国家元首还是平民百姓，不管你是青春少年还是沧桑老人，人人都有浪漫的资格。

有人说，浪漫需要条件，需要时间，需要很多外在因素，不是所有人都能浪漫的。其实，广义的浪漫就是一种积极的生活态度，取决于你的心。

浪漫面前人人平等，浪漫，没有特权，这就好比贵族屈指可数，但贵族精神却是人人可以拥有的一样。

记得在电影《泰坦尼克号》中这样的镜头：船即将沉没之时，老船长请船上的小乐队到甲板上来演奏，以安抚大家的情绪。在演奏完毕之后，首席乐手向大家鞠了一躬，乐手们开始准备逃离。大船马上就要沉没了，船上一片混乱，首席乐手看见大家都走远了，他自己又回到了原来的位置，架起小提琴，拉起了一支新的曲子。已经走远的乐手们，听到音乐声，不约而同地回到首席乐手身边，重新开始演奏。船要沉没了，大家相互握手，互道珍重，首席乐手说："今天晚上，能和大家一起合作，是我终身的荣幸。"

这样的场面，这种超越凡心、视死如常的浪漫情怀，带着尊贵与担当的坚持，何尝不是贵族精神的一种大无畏的浪漫呢?

浪漫无处不在，辐射到生活、文化、艺术、时尚、形象和情感等各个领域，只要你拥有一颗充满灵性的心灵，谁都可以浪漫！浪漫的形式是丰富多彩、多种多样的。1986年，查尔斯王子（Charles Philip Arthur George）在英国电视上承认，他常常对着花草树木说话。

爱因斯坦（Albert Einstein）创立的相对论，提示了时间与空间的统一性和相对性，建立了新的时空观，让我悟出了浪漫的广度和深度。倘若用相对论来看浪漫，则时间在跑，地球在转，物换星移，没有两片相同的树叶，也没有两朵相同的花，每一天都是新的。同样，浪漫也是相对的，没有绝对的浪漫和不浪漫。

每个人心中都有一朵玫瑰，每个人心中都有一份浪漫，有人显露在浪漫的外表上，有人将浪漫含蓄地封存在心中，有人表现在细节行动上，有人流露在不经意的刹那间，有人孕育在平淡的生活中。春夏秋冬平平淡淡，物换星移岁月无伤，青春无悔就是浪漫。

有个叫西茜的女孩养了五条金鱼，每天晚上睡觉前，她总会看着艳丽灵动的金鱼儿在小小的玻璃缸里游来游去。有一天，她发现小鱼缸里的水看起来有点混浊，就准备清洗鱼缸。她把浴池放满冷水，把鱼缸放进去，等五条小鱼从污浊的鱼缸里游出来后，西茜把鱼缸刷得干干净净，她以为美妙的金鱼会在广阔的浴池里游来游去，却惊讶地发现它们仍然沿着原来鱼缸的位置，一条跟着一条，绕着小圈子游。西茜对妈妈说："妈妈，看上去很靓丽的金鱼原来一点都不浪漫，我以为它们会快乐地摆脱了小鱼缸，会在浴缸里自在遨游呢？"妈妈却说："你看金鱼的外表光彩照人，就以为它们很浪漫驿动，其实鱼和我们人一样，都不可貌相，它们有点墨守成规，愿意重复自己习惯了的小鱼缸空间。"

浪漫是相对的，表现形式千姿百态，有人长着一副浪漫的面容，有人抒发一种独特的浪漫心境，是一种高境界的灵性活动。

一对年逾花甲的老人，坐在藤椅上窃窃私语，阿婆拉着阿伯的手微微低下头说："老伴儿呀，我以前有件事现在都觉得对不起你。有一年，我的前男友回来找我，他很英俊，想和我复合，我们见了面，我的心中也掀起了涟漪，就回家收拾行李准备离开你，可一进家门，看到正在厨房里聚精会神做饭的你，体贴地看着我，对我说：这些日子你看上去很疲惫，我给你熬点鸡汤补补身体。我哭了，当时就决定再也不离开你了。"阿伯听了露出神秘地微笑，说："其实，那件事我已经看出来了，那天我想再给你做顿好吃的，怕以后没机会了。"阿婆热泪盈眶地依偎在阿伯身旁，说："你是我这辈子最值得骄傲的选择！"

可见，浪漫不只是迷人外表的专利，不经意的浪漫心境和细腻的体贴行动更是其内涵所在，浪漫源于内在，心到哪里，你就在哪里；心，统帅着你的浪漫情思与意念！浪漫是一种心情，一种感觉，一串串意外的惊喜……

人生何处不浪漫？浪漫情怀无处不在！

Sunny

浪漫心语

◎ 浪漫是相对的，没有绝对的浪漫和不浪漫。浪漫是一种积极的生活态度，取决于你的内心。

◎ 女人和孩子往往是外露的浪漫，男人和老人经常是内敛的浪漫；外向的人表达显性的浪漫，内向的人表达隐性的浪漫。

◎ 浪漫源于内在，心到哪里，你就在哪里；心，统帅着我们的浪漫情思与意念！

心门还需自己打开

曹雪芹在《红楼梦》中写了大观园内相对封闭的女儿国，而美丽的才女林黛玉，在人们心目中被看做是一个有着浪漫多情的内心，却孤高小性儿的人，在贾府上上下下不得人缘，甚至在贾母面前也逐渐失去了欢心，最后正如她自己在《葬花吟》《秋窗风雨夕》等诗词中所说的，陷入了“一年三百六十日，风刀霜剑严相逼”的孤立境地。

林黛玉进京都时，她就“步步留心，时时在意，不肯轻易多说一句话，多行一步路，惟恐被人耻笑了他去”，这反映了她因过度自尊，而导致自我封闭、自命清高的性格。

还有一次，周瑞家的替薛姨妈给贾府众姐妹送宫花，当送给黛玉时，黛玉正在宝玉房中，她瞥了眼花便问这花是单送她一个人的，还是别的姑娘们都有？周瑞家的说："各位都有了，这两枝是姑娘的了。"林黛玉当时就冷笑道："我就知道，别人不挑剩下的也不给我。"可见，林黛玉在意的不是宫花的价值和色泽款式，而是在乎别人对她是否重视。

虽然黛玉的封闭小性儿并非完全是其本性，只是她对封建礼教强加给她的种种伤害的一种反抗。但倘若她能把自己的心打开，让心再大一些，则可以想开一些，不会忧郁成疾。虽说心事如空气，无孔不入，但倘若能多开几道心窗，让鸟语花香进来，污浊之气也会逐渐排出去。

尼采（Friedrich Wilhelm Nietzsche）在《查拉图斯特拉如是说》中写道："我充满了喜悦、平静。现在，我需要有人来接受它，我必须分享它，否则，如果不分享，甚至喜乐都能够变成痛苦。"

可见，心房有门，紧闭则闷，敞开则通。打开心门，你将会变得更有爱心，敞开自己的心门，会让很多事成为可能，这不仅能改变你的心情，或许还能让你的世界蜕变。

王云之印
心房有门，敞开则通。
Sunny王云作品

Sunny
浪漫心语

◎ 虽说心事如空气，无孔不入，但倘若能多开几道心窗，让鸟语花香进来，污浊之气也会逐渐排出去。

◎ 心房有门，紧闭则闷，敞开则通。当你敞开心门，喜悦、平静地分享时，会让很多事成为可能，这不仅能改变你的心情，或许还蜕变了你的世界。

◎ 俗话说，心是一块田，快乐自己种。打开浪漫心门的方法有很多，比如：多微笑，多赞美，主动发现事情积极的一面；多接纳、多分享，主动增进关系的互动与沟通；等等。

不浪漫，是另一种浪漫

女人看到花朵兴奋地说：“太好了！还有鲜花！”

男人很真实地说：“那是假花……”

不浪漫的表现也非常可人，反而衬托了浪漫，是浪漫的绿叶。

一切的浪漫，都在你自己的心中，不浪漫的人经常是心中有深沉浪漫的人。那些不追风赶月的人，依然有份细腻的内心。

《蛋白质女孩》作者王文华先生在情人节接受某杂志采访时说，那年的情人节他并不浪漫，只有自然，不期望爱情像排山倒海的激流，只求有细水长流的小幸福。有的人可能会说，散步？太老套了，怎么会浪漫呢？谈过几次浪漫的恋爱后，王文华相信不浪漫也是浪漫的。不用辣椒，可以体会到食物的原味，不要浪漫，更可以逼我们掏出真心。

有个女孩总抱怨她的男友表现不浪漫，可那男友却说：真正的浪漫不只是送花跳舞、激情四射，它源自一个人内在的灵性，思想上的浪漫才是真正的浪漫，不是吗？

的确，有时爱一个人，不一定表现为华丽的辞藻与夸张的行动，日常生活中的点点滴滴就可以体现关爱的细节，爱情就是一个挨一个串起来的小小浪漫，看似平淡无奇，却点点滴滴见证着两个人的浪漫篇章。

浪漫就在生活的点滴之间，只要双方懂得爱护对方，浪漫的感觉会随时在你们的身旁。正如那首《浪漫的事》："我能想到最浪漫的事，就是和你一起慢慢变老，一路上收藏点点滴滴的欢笑……直到我们老的哪儿也去不了，你还依然把我当成手心里的宝……" 慢慢变老，却浪漫如初，那才是永恒的浪漫。

浪漫情怀无处不在！

一个女孩在草地上摔倒了，趴在地上大哭。一男孩跑过来，没有把她扶起来问长问短，而是在她旁边故意巧妙地也摔了一跤，女孩破涕为笑，自己爬了起来，两人又快乐地玩耍起来了。英雄救美的助人举动换了一种看似不浪漫的方式，却是另一种有趣味的浪漫之举。

有句话这样说："在没有路的地方行走，在没有光的地方看见，当没有声音时去聆听，当没有歌曲时去歌唱，这是信仰……" 让看不见、摸不着的东西在你的心中产生感应，难道不是一种不浪漫的"浪漫"吗？

Sunny
浪漫心语

◎ 一切的浪漫，都在你的心中，源自于你内在的灵性，貌似不浪漫的人经常是心中有深沉情思的人。

◎ 不浪漫的表现也非常可人，反而衬托了浪漫，是浪漫的“绿叶”。

让蝴蝶飞，你就赢了

一个少年在山路上捕到一只蝴蝶捂在手里，看到一个和尚上山砍柴归来，就调皮地要和和尚打个赌。

和尚问："如何赌？"

少年说："你说我手中的蝴蝶是死的还是活的。你说错了，你那担柴就归我了。"

和尚同意，于是猜道："你手上的蝴蝶是死的。"

少年哈哈大笑，说："你说错了。"少年把手张开，蝴蝶从他手里飞走了。

和尚说："好！这担柴归你了。"说完，和尚放下柴，特别开心地走了。

少年不知和尚为何赌输了还如此喜悦，但是看到面前的一担柴，也顾不上细思，便高高兴兴地把柴火挑回了家。父亲问起这担柴的由来，少年就如实讲了。

父亲听儿子说完，忽然伸手给了儿子一巴掌，气愤地说：“你啊你！好糊涂啊！你真以为自己赢了吗？我看你是输也不知道怎么输的啊！”

少年一头雾水。父亲命令少年担起柴，父子俩一起将柴火送回寺院。少年的父亲见到了那位和尚连忙说：“师父，我家孩子得罪了您，请您原谅。”

和尚点点头，微笑不语。在回家的路上，少年百思不得其解，说出了心中的疑问。

父亲叹了口气说：“那位师父说蝴蝶死了，你才会放了蝴蝶，赢得一担柴；师父若说蝴蝶活着，你便会捂死蝴蝶，也能赢得一担柴。你以为师父不知道你的算盘吗？人家输了一担柴，可他赢的是你的慈悲啊。”少年恍然大悟，惭愧地低下了头。①

王凤国写的这则寓言故事，让人们重新审视输赢。很多时候，我们的双眼紧盯着如打赌那般急功近利的事情不放，并用表面上的小胜利来论输赢，而没有看到那背后所蕴涵着的更高境界的慈悲与善念。于是，貌似赢了，却输了内在的美好灵性。

人生不论输赢，若你渴求心灵的自由，就不要用蝴蝶去打这个没有意义的赌，让蝴蝶飞吧，你的心也会安然喜悦，自由飞翔！

① 王凤国：“输赢之间”，《思维与智慧》，2011（20）。

王云之印
让蝴蝶飞，你便安然喜悦。
Sunny王云作品

Sunny
浪漫心语

◎ 很多时候，我们用表面上的小胜利来论输赢，而没有看到那背后所蕴涵着的更高境界的慈悲与善念，于是，貌似赢了，却输了内在的美好灵性。

◎ 若你渴求心灵的自由，则人生不论输赢，你的心都会安然喜悦，自由飞翔！

谁是你最好的朋友

有个虔诚修行的女人，很羡慕寺庙里禅者的生活，每次来寺庙拜佛都献上一大束美丽的鲜花。只有在寺庙里拜佛时，她才感到心灵平静，就像被洗礼过一样清澈，但只要一离开寺庙，她就谁也不相信了。每当自己独处时，她就感到心浮气躁、六神无主、忐忑不安，于是她问寺庙的师傅，如何才能在喧嚣的都市里保持心灵的自由与宁静。

师傅告诉她："想象一下，你自己就是禅，你的身体就像这寺庙，你的呼吸就像那静谧的禅声，心跳的节奏好似这悠扬的钟鼓，你随时可以在喧嚣的都市里闹中取静，如果你能和自己相处好，那么即使不来寺庙，你的心也可以宁静超脱呀！"

这位只有在寺庙拜佛时才能静下心来的女人，还不能接纳自己、成为自己的朋友，也不能享受独处的乐趣。其实，当我们纠结迷茫之时，很容易和自己产生矛盾，关系紧张。当一个人不能与自己和谐相处时，又怎能与别人相处融洽、又怎能为别人奉献爱心呢？

美国人本主义心理学家罗杰斯（Carl Ransom Rogers）认为："生命的过程，就是做自己，成为自己的过程。然而一些人在多数时候都在做别人，做自己都不认识的人。"人生就是寻找自己的过程，你是否真的了解自己呢？是否是自己的知己呢？

尼采曾说："生命中最难的阶段不是没有人懂你，而是你不懂你自己。"周国平说："在所有朋友中，不能缺了最重要的一个，那就是自己。一个人是否是自己的朋友，有一个可靠的测试标准，就是看他能否独处，独处是否感到充实。如果他害怕独处，一心逃避自己，他当然不是自己的朋友。"曼德拉曾说，他是一个喜欢社交的人，但是他更喜欢孤独，他希望自己左右自己的机会，自己做计划、思考和策划。

只要你能欣赏人生，欣赏日出日落，懂得珍惜，自然能与自己和谐相处。其实，即使就这样浪漫地和自己做朋友，也要注意掌握一个度，否则很容易变得偏执于一方，不是一味地自恋，就是妄自菲薄、一味地自责。

和自己做朋友是一件浪漫的事，静下心来，聆听自己内心的独白，感悟纷繁中的一份宁静，就如同给自己补充心灵的养分一般。回过头来，你会感谢独处时，你曾耐心地陪伴了你自己！

Sunny
浪漫心语

◎ 要想做自己的好朋友，就要坦然地接纳、认识和体味自己。

◎ 和自己做朋友是一件浪漫的事，静下心来，聆听自己内心的独白，感悟纷繁中的一份宁静，就如同给自己补充心灵的养分一般。回过头来，你会感谢独处时，你曾如此耐心地陪伴了你自己！

意外的惊喜，你准备好了吗

南怀瑾说：“生命的能量来自宁静。”老子也曾说：“夫物芸芸，各复归其根。归根曰静，静曰复命。”意思是说，根是万物生命的来源，能静心，才能回归生命之根本。

在古希腊神话中有这样一个动人的故事，大力士西西弗斯因小事触犯了宙斯，众神为了惩罚西西弗斯，要求他把一块近似圆形的巨石推到山顶。巨石到达山顶的一刹那又滚下山去，西西弗斯必须再把巨石推至山顶，如此不断重复永无止境地做这件事。他的生命就是在这样一件枯燥单调、无趣无望的劳作中度过。但是，西西弗斯却能静下心来观察巨石，在这种重复机械无希望的生命中发现了意义，他看到了巨石在他的推动下散发出庞大的动感美妙，他与巨石的较量所碰撞的力量像舞蹈一样优美。大力士沉醉在这种幸福中，以至于再也感觉不到了苦难。当巨石不再在他心中成为苦难的时候，有一天，石头被推至山顶岿然不动，众神诅咒的力量突然间消失，西西弗斯从苦难中解放了。

当西西弗斯在刹那间静下心来正视困难时，他开始忘我，全身心地从平凡单调中发现美并寻找乐趣，于是他竟然意外地从苦难中解脱了。这正如奥修（Osho）所描述的境界：静心是首要的，在宁静的气氛下，无念，内在没有干扰，绝对清澈、平和、宁静，突然地，你将会看到数千朵花在你内在盛开，而它们的芬芳便是爱。

普希金在那首《假如生活欺骗了你》中也强调："忧郁的日子里须要镇静，相信吧，快乐的日子将会来临。"当你找不到解决方案的时候，试着先放下，不去想它，静下来，和自己的生命一起呼吸，聆听自己的心声，这样，往往能够把心从地狱拉向天堂，反而有了答案。

1858年，茜尔玛·拉格萝芙诞生在瑞典的一个富豪家庭，但不久，就染患了一种无法解释的瘫痪症，丧失了走路的能力。一次，她和家人一起乘船旅行。船长的太太告诉她船长有一只天堂鸟，她就被这只鸟的描述给迷住了，极想亲自看一看。于是保姆把她留在甲板上，自己去找船长。她想看天堂鸟的愿望太迫切了，就要求船上的服务生立即带她去看。那服务生并不知道她的腿不能走路，而只顾带着她一同去看那只美丽的小鸟。结果，奇迹发生了，她因为内心过度地渴望，竟忘我地拉住服务生的手，慢慢地走了起来。从此，她的病便痊愈了。茜尔玛·拉格萝芙长大后，又忘我地投入到文学创作中，最后成为第一位荣获诺贝尔文学奖的女性。

可见，忘我是一朵花，静静地开放，不奢求别人的欣赏，却能让生命的美丽自然地绽放。专注于你的渴望，只有在这种忘我的状态下，人才会超越自身的束缚，释放出最大的能量。无论是谁，只要你愿意做好准备，静心忘我地吸引积极的能量，创造出迎接自己的气场和美好的空间，那么，意外的惊喜就会找上门来。

Sunny 浪漫心语

◎ 静心忘我，专注于欣赏美好时，你就更容易吸引到美好的能量磁场。

◎ 忘我是一朵花，静静地开放，不奢求别人的欣赏，却能让生命的美丽自然地绽放。专注于你的渴望，只有在这种忘我的状态下，人才会超越自身的束缚，释放出最大的能量。

◎ 当你找不到解决方案的时候，试着先放下，不去想它，静下来，和自己的生命一起呼吸，与宇宙对接，聆听自己的心声，这样，往往能够把心从地狱拉向天堂，创造出迎接自己的气场和美好的空间，有时，意外的惊喜反而会找上门来。

谁没纠结过

有个渔夫从海里捞到一颗很大的珍珠，喜出望外，但细心的他发现珍珠上有个黑点，渔夫心想，美中不足啊，要是没有这个黑点，这颗珍珠就可以价值连城了，于是他用小刀想刮掉那个黑点，刮了一层又一层，黑点还是下不去，渔夫感到越发纠结了，他更加使劲地刮那黑点，最后连珍珠也给刮没了。渔夫捶胸顿足，懊恼无比。

谁没纠结过呢？有谁不希望事情更完美一些呢？可是，过于追求完美，过于强求奢望，就会成为不快乐的诱因。即使是你原本认定是完美的事情，也难免有看不到的瑕疵，所以，纠结自扰，反倒让你打破了内心的平静，甚至失去你原本已经拥有而不自知的那份美好。

六世班禅仓央嘉措的情诗写道：“佛曰：这是一个婆娑

世界，婆娑既遗憾，没有遗憾，给你再多幸福也不会体会快乐。”林徽因曾说，人生总在祈求圆满，却不知道，有时候缺憾是一种美丽，随性更能怡情。太过精致，太过完美，反而要惊心度日。既然打算在人世生存，就不要奢求过多，不要问太多为什么。且当每一条路都是荒径，每一个人都是过客，每一片记忆都是曾经。

生性敏感多虑的人，有时分不清哪些情绪是自己的，哪些情绪是别人的；有时因为吸收了很多别人的能量，而丧失了自我，以至于开始承受不属于自己的负担，陷入疲惫的纠结之中。

其实无论是心情、目光，还是情感，都可以从冷漠纠结变为温暖释然，只要你愿意。有时，我们纠结的事情完全是自己杜撰的，眼见也不一定为实。

比如，有一次，孔子的学生煮粥，发现有脏东西掉进了锅里。他连忙用勺子把它捞起来，正准备倒掉时，忽然想到粮食来之不易，于是就把它吃了。正巧孔子走进厨房，以为他在偷吃，便批评了他。后来，煮粥的学生找机会向孔子解释了事情的真相，孔子这才恍然大悟，原来是错怪了学生。

亲眼所见的认知也不都是真相，所以别轻易为你武断下结论的事情纠结。这就好比在浩瀚的宇宙，地球对于银河系来说，只不过是个微不足道的小行星。如果用哈勃太空望远镜的镜头对准夜空的一个角落，你看到的太阳是8分钟之前的太阳，而别人见到的也是5纳秒以前的你。眼见不一定为实，你所眼见的都已成为过去。

明白了地球在宇宙空间中的位置，你再窥探自己每天生活中的喜怒哀乐，是否该放下纠结重新思考一下呢？不要让思维定势局限了你的灵性光辉，清空思想的偏见，从不同的角度去感受司空见惯的事情、习以为常的生活，你会有更多的心灵感悟。

有心理学家曾做过这样的试验，让被测试者每周日晚把下一周的担忧与烦恼写下来，投入一个密闭的烦恼箱，三个星期后打开箱子，结果发现，超过92%的烦恼其实都没有发生，剩下的8%则大都是较容易应对的事情。据统计，一般人的忧虑40%属于过去，50%属于未来，只有10%属于现在。

有位禅师，门下有一个总爱纠结抱怨的弟子。一天，禅师让这位弟子买了一袋盐，然后让他抓一把盐放入一杯水里，禅师让弟子喝一口，弟子皱着眉头喊道："简直咸得发苦！"随后，禅师又带着弟子来到一个清澈的湖边，让他把剩下的一袋盐撒进湖里，然后吩咐弟子再尝尝湖水，弟子尝了尝湖里的水，赞叹道："味道甘甜纯净啊！"禅师问弟子是否尝到了咸味？弟子恍然大悟，原来师父是在用水杯和湖来为他开导化解愁闷。

这个故事显示了禅师的智慧与浪漫情怀，生命中的纠结与烦恼，就像那盐，而盐的咸淡取决于你把它放到哪里去品尝，是你的杯中，还是那湖中呢？

Sunny王云作品

Sunny

浪漫心语

◎ 其实无论是心情、目光，还是情感，都可以从冷漠纠结变为温暖释然，只要你愿意。有时，我们纠结的事情完全是自己杜撰的，眼见也不一定为实。

◎ 不要让思维定势局限了你的灵性光辉，清空思想的偏见，从不同的角度去感受司空见惯的事情、习以为常的生活，你会有更多的心灵感悟。

构建你的塔莎花园

享年92岁的美国著名的生活艺术家、绘本作家塔莎·杜朵（Tasha Tudor），是凯迪克大奖和女王终身成就奖的获得者。塔莎的父亲是一位优秀的飞机与游艇的设计师兼制造者，母亲是一位肖像画家。小时候，出入塔莎家的客人经常有像爱因斯坦、马克·吐温等在当时极具影响力的人物，可是在名流圈长大的塔莎却更向往大自然和乡下的田园风光，她从小就梦想在一个很美的森林里生活，住有阁楼的小木屋，屋前有条小河，她可以开心地养花种菜，牢记每一个自然节气……

童年的这个梦想一直驻扎在塔莎的心里，直到56岁，作为单身母亲，她养育的四个孩子长大成人后，在佛蒙特州的山里买下了一块地，在那里开始了她真正的田园生活。她亲自喂养家禽，养花、画画、写书，穿自己精心缝制的18世纪欧洲风格的复古裙装，她用羊毛布和麻布重叠缝合的拼布衬裙，让她安然度过了佛蒙特州的漫长冬季，那片庭院在她十几年的劳作中也逐渐变成了一个美丽的大花园。

素雅的印花头巾似乎成为塔莎的标志性饰品，她怀抱着郁金香，赤脚走在温暖夕阳下的影像让人充满遐想，她除草砍柴，亲自烹饪美食，即使年过90岁，塔莎依旧照料着她心爱的花园。同时，她也从未间断过儿童插画的创作，在她温柔笔触下的浪漫画作，广受全世界人们的喜爱。塔莎徜徉在大自然里的幸福日子，是忙碌的都市人所艳羡和憧憬的生活方式。

塔莎曾说："幸福就是对生活的热爱，幸福就是还给自己本来颜色，尊严而美丽地选择自己真正想过的日子。懂得创造生活乐趣就幸福。"正如塔莎所言，她一直都以度假的心情过日子，每天、每分、每秒，都能满足于身边的任何事物，享受最简单的心灵满足。她身体力行，用实践证明，灵魂上的自由，从来不受年龄、时间、地点和空间的制约。

作家萧伯纳（George Bernard Shaw）曾说："只有年少时拥有年轻是件可惜的事。"对塔莎奶奶而言，随着年岁的增长，更能懂得享受当下的生活乐趣。

塔莎奶奶在书中强调："人生最后悔的事，莫过于活得不勇敢。我一直相信玩偶们拥有魔法，所以它们能够说话，也能像人们一样行动自如，谁说变成大人就不能相信魔法呢，要能够保有当初那种相信的心情，无论到几岁，都可以这么持续下去的。"

无论何时，
都可以保有那种天真的相信。
Sunny王云作品

或许，在我们每一个人的心里，都有一个秘密的花园，那里繁花似锦，果实丰盈，充满着自由的馨香，洋溢着你心灵的满足与渴望。从塔莎奶奶的故事中得到启迪是：有浪漫的心，还要勇敢实践，才能获得心灵的满足与幸福！

Sunny 浪漫心语

◎ 值得学习的是，塔莎奶奶一直都以度假的心情过日子，每天、每分、每秒，都能满足于身边的任何事物，享受最简单的心灵满足，她身体力行，用实践证明，灵魂上的自由，从来不受年龄、时间、地点和空间的制约。

◎ 或许，在我们每一个人的内心，都有一个秘密的花园，那里繁花似锦，果实丰盈，充满着自由的馨香，洋溢着心灵的满足与渴望。有浪漫的心，还要勇敢实践，才能获得心灵的满足与幸福！

心灵留白才能洒脱

“留白”是绘画里的一个术语，画家喜欢在自己作品的某一部分留白，给人以信马由缰的想象空间，在欣赏的过程中，让尘事渐行渐远，心灵便在这留白所营造的空灵氛围中自由的呼吸。艺术大师们往往都是留白的高手，比如齐白石先生的画，处处留白，虚实相映，总能在方寸之间彰显天地之宽。以无胜有的留白艺术，具有此时无物胜有物的审美境界。

留白是艺术的技巧，也是心灵自由的艺术。常听有人说，如果有更多的时间我就能……只有时间允许我才能……忙碌的人经常抱怨说：这么忙还哪有时间享受浪漫呀？

“忙”字拆开就是心亡，智慧的中国古人在造字时就将一个“忙”字表达得淋漓尽致，已经提示到了“忙”的后果。心亡了，生活还有什么意义呢？忙几乎成为都市人的一种宿命，想拥有的东西越来越多，但往往并不能从容地驾驭好每一个，于是难免在一番追逐中任心放逐而找不到归路。

林徽因曾说："也许是我们太过忙碌，忽略了嘈杂的街市也会有清新的风景，又或许是我们在修炼的过程中，总是欠缺了一些什么重要的片段。或许，人生需要留白，残荷缺月也是一种美丽，粗茶淡饭也是一种幸福。"

一个人忙着，因为身体的劳累，心大多只专注于所做的事情上，甚至因为忙，忽略了自己、家人、朋友和生活的乐趣。忙碌的都市生活，容易使人失去方向，错过很多美好的瞬间。切记：忙时莫亡心，心灵要留白。

留白是一种智慧和境界。有了留白，每天的太阳才是新的；有了留白，才能不断地探索创新；有了留白，才能梳理零乱的思绪；有了留白，才能松弛一下疲惫的身心；有了留白，才有时间浪漫休闲，去看那青山绿水、花红柳绿……

留白不是让人无所事事，而是在繁忙的工作之外，增加些许的情趣和一份属于自己的享受空间。爱因斯坦把主要的精力放在科学研究上，但鲜为人知的是他并不是一个缺少生活情趣的人，他注重用音乐给自己的人生留白，小提琴是爱因斯坦科学生涯中的浪漫伴侣和欢乐因子，这一爱好为爱因斯坦排解了繁忙和喧嚣，增添了一份惬意与谐趣。

每一个人的心灵生来都有一片空白的，然而，伴随着喜怒哀乐、知识经验、成见记忆等人生的历练，那片留白会变得越来越小，你心中那片宁静与快乐也便越来越少。为绘画留白是让艺术更有韵味，为心灵留白则让你的人生多一份浪漫与快乐。

雷达表全球总裁罗南·史特勒（Roland Stieule）曾说："不要试图给你的生命增加时间，而要向你的时间赋予生命。"其实，"（10+2）×5"的时间管理公式对心灵留白的行动很有帮助："10"代表在10分钟内100%地进入工作状态，不需要在10分钟内必须完成你的工作，只需要取得进展就可以，时间到了再休息；"2"代表10分钟一到，休息2分钟，喝点水，做做操，放松身心。但是2分钟一到，立刻回到工作状态，开始做下一件事；5代表在1个小时中刚好把这种方式循环5次。在实施的过程中，不要跳过休息时间，时间一到必须休息。

休息2分钟，然后再进入下一个10分钟，试想一下，这每一个2分钟里可以做多少快乐放松的事呢？无论你的浪漫时间是5分钟还是半小时，每天用这些零碎的时间，你可以品一杯香浓的咖啡，还可以到花园里透透气，可以给朋友发个问候，或者闭上双眼，听着音乐，让自己的思绪进入快乐的冥想状态。浪漫不妨忙里偷闲！每天只有24个小时，利用大块时间之间的短间隙，或许做不了什么别的，但是只要愿意，你可以拥有比别人更多的浪漫时间。

用你的浪漫时间让心灵放飞，张开想象的翅膀，让身心得到积极的调节，比如，疲惫忙碌时，忙里偷闲闭上眼睛，想象着蓝天白云、绿草微风的大自然意境，让繁重的心小憩片刻，在你想象的心灵空间里彻底放松下来。

因为有明天，所以今天永远只是起跑线，生活简单就有闲暇，心灵留白才能潇洒，学会简单，其实并不简单。

Sunny 浪漫心语

◎ 在浪漫面前，时间不是借口！

◎ 每一个人的心灵生来都有一片空白的，为绘画留白让艺术更有韵味，为心灵留白则让你的人生多一份浪漫与快乐。

◎ 浪漫不妨忙里偷闲！每天只有24个小时，利用大块时间之间的短间隙，你可以拥有比别人更多的浪漫时间。

◎ 生活简单就有闲暇，心灵留白才能潇洒，学会简单，其实并不简单。

聆听水的自由宣言

年轻的创业人杰瑞，在创业初期遭遇合作伙伴的违约欺骗，情绪低落，精神抑郁。一位好友得知他的境遇后，请他来家做客，朋友让他到厨房帮个忙，把刚煮沸的开水浇到干毛巾上。杰瑞用手指拎着毛巾的一角，把开水倒在毛巾上，他感到捏毛巾的手指被开水的蒸汽烫得好疼，他几乎不敢把开水浇到离手近的毛巾上，于是，毛巾留下一角还是干的。

杰瑞感到有点诧异，手指居然被这点儿水汽给烫着了，朋友给他的手指抹上了烫伤膏，还问他有何感受。

杰瑞说："真没想到，这点儿蒸汽能有这么厉害的热度啊！"

朋友说："水化成蒸汽，看似无形，若蒸汽的热量在一定范围内聚在一起形成合力，就会热力无穷。"

杰瑞恍然大悟，原来朋友是在用水的比喻来开导安慰他。

朋友又说："无论万物有多脏，水都会无怨无悔地为万物洗尘，她先接纳了万物，然后再慢慢地去净化自己。人心如水，之所以能力悬殊，善恶不同，皆因境界不同罢了。"

杰瑞很感激这位好友，他立刻振作起来，快乐地与好友一起感悟水的奥秘与哲思。

水是如此淡定的，心若止水，风来时，虽起一道道涟漪，却会很快归于平静；雨落时，只是些许地跳跃涌动，却终究会寂静如初；云过时，密云不雨，留下一道道变换的记忆，正所谓情多无语，水深无声……水能屈能伸，至柔也至刚，自高往低处流，高可至云端，低可入大海。如遇障碍物，耐心顺势而过，如遇凌厉顽石，日复一日，滴水穿石。水有着自由灵活的本体，遇寒可结为冰，成为有形的水，散则无影无踪，化为水汽，飘忽于天地之间。

据说，曾经有一位长者在远行之前把自己的三个儿子叫到跟前，分给他们每人一罐水，说："我这次出行将会有三年之久，回来时看你们谁能把这杯水保存得最好，我就把家业托付给谁。"

老大心想：父亲既然把这罐水交给我们，这水一定有某种神奇的力量，如果我把它喝了，没准会有奇迹出现呢，于是他就把水给喝了，然后，每天幻想着奇迹的出现；老二心想：父亲让我们三年保存一罐水，这水里一定蕴藏着什么秘密，于是他就把这杯水密封起来，放在供桌上，当神水一样每日用香花水果供养，还天天祈拜，等待着父亲回来打开秘密；老三心想：一罐水如果喝了不会有什么作用，储存起来一定会变质，随便倒掉又违背了父亲的意思，最后他仿佛是领会了父亲的意图似的，毫不犹豫地把这杯水倒在自家的水井里，每天做父亲在家时吩咐给他们兄弟做的事情，用水井里的水浇田。

三年后老父亲远行归来，三个儿子分别陈述了自己的见解，老父亲听完后哈哈大笑，把儿子们领到水井旁，对他们说："这是一罐普通的水，没有什么特别的，但是要想让这一罐水鲜活而有用，就只有让它汇入长流不断的水中才行啊！"于是，老三成为父亲的继承者。

舍得的本意是只要舍去，就能有新的收获。老三舍去了有限的一罐水，让水融入到无限中，反而被委以重任。一滴水虽然状态自在，但只有融入大海，才不会干枯蒸发，保持鲜活的生命力，找到自己更大的归属与价值。

水有德，因为她惠泽万物却不求任何回报；水有勇，她飞流直下三千里而无所畏惧；水至纯，她净化万物而无怨无悔；水至谦，她总往低处流而谦卑至极；水至仁，她能溶万物而不争……如果没有水，也就没有了生活中的茶水、咖啡、药水等物质。水对我们的启迪是如此丰厚，难怪先哲要发出"上善若水"的赞叹。

水性柔随和，在海洋中是大海之水，在江河中是江水之形，无论是在杯中还是瓶罐中，水都可以灵活随行、随遇而安。聆听水的声音，学习水的精神，倘若能像水那样做人，则能在至柔谦卑之中又有至刚、至净、有容乃大的胸怀与气度。

王云之印
水，让你懂得动静相宜，至柔至刚。
Sunny王云作品

Sunny 浪漫心语

◎ 一滴水虽然状态自在，但只有融入大海，才不会干涸蒸发，保持鲜活的生命力，找到自己更大的归属与价值。

◎ 水有德，因为她惠泽万物却不求任何回报；水有勇，她飞流直下三千里而无所畏惧；水至纯，她净化万物而无怨无悔；水至谦，她总往低处流而谦卑至极；水至仁，她能溶万物而不争……

◎ 聆听水的声音，学习水的精神，倘若能像水那样做人，则能在至柔谦卑之中又有至刚、至净、有容乃大的胸怀与气度。

让心飞翔，你“二”过吗

近年来，经常听到“二”这个网络用语，但多少带点贬义，形容人很傻、不切实际，甚至有点不合乎常规。但庄雅婷曾说：“那份貌似有点‘二’的天真与独特，实际上是一种追求与众不同的个性风尚。”奥修说，真正慈悲、有爱的人是准备溶解自己，好让伟大事物出现的人。他想要成为让玫瑰生长的肥料。或许，有点“二”的人，大都是乐观浪漫的。

一百多年前，一位穷苦的牧羊人带着两个幼小的儿子替别人放羊为生。有一天，他们赶着羊来到一个山坡上，一群大雁鸣叫着从他们头顶飞过，并很快消失在远方。牧羊人的小儿子问父亲：“大雁要往哪里飞？”牧羊人说：“它们要去一个温暖的地方，在那里安家，度过寒冷的冬天。”大儿子眨着眼睛羡慕地说：“要是我也能像大雁那样飞起来就好了。”小儿子也说：“要是能做一只会飞的大雁该多好啊！”牧羊人沉默了一会儿，然后对两个儿子说：“只要你们想，你们也能飞起来。”两个儿子试了试，都没能飞起来，他们用怀疑的眼神看着父亲，牧羊人说：“让我飞给你们看。”于是他张开双臂，但也没能飞起来。可是，牧羊人肯定地说：“我因为年纪大了才飞不起来，你们还小，只要不断努力，将来就一定能飞起来，去想去的地方。”

这位牧羊人，就是飞机的发明家莱特兄弟的父亲米尔顿·莱特。两个儿子牢牢记住了父亲的话，并一直努力着，后来做木匠的父亲常在这方面鼓励他们，从不指责他们把身上仅有的一点儿零用钱花在买工具、材料上的癖好。1878年的圣诞节，父亲给他们带回了一个怪怪的玩具，爸爸告诉他们，这是飞螺旋，能在空中高高地飞去。兄弟俩有点怀疑地问父亲：“鸟才能飞呢！它怎么也会飞？”父亲当场做了表演。只见他先把上面的橡皮筋扭好，一松手，它就发出呜呜的声音，向空中高高地飞去。兄弟俩这才相信，除了鸟、蝴蝶之外，人工制造的东西，也可以飞上天。于是，他俩便把它拆开了，想从中探索一下，它为何能飞上天去。

从这以后，在他们的幼小心灵里，就萌发了将来一定制造出一种能飞上高高蓝天的东西。这个愿望一直影响着他们。等他们长大了，哥哥36岁，弟弟32岁时，他们果然飞起来了，因为他们发明了飞机。

除了他们的决心、智慧与激情以外，家庭对他们当时貌似不切实际的梦想的支持也是一个重要的条件，父亲总是热情鼓励他们去调查研究一切奇特的现象，或许换了另一个家庭环境，他们的好奇心早就被扼杀了。

莱特兄弟十分注意直接向鸟类学习，他们常常仰面朝天躺在地上，一连几个小时仔细观察鹰在空中的飞行，研究和思索它们起飞、升降和盘旋的机理。当年他们提出的许多新颖想法，都在以后的航空工业中得到了应用。在这之前，人们虽梦想能飞上天空，但实际上，大多数人还是认为阿拉丁所乘坐的“飞毯”只不过是一个不可能在现实世界中存在的梦幻而已。莱特兄弟的天才创造，把人类的梦想从神话变成了现实。

在拿破仑还是一个单纯小朋友时，一次，他的叔叔问拿破仑将来长大想要做什么？拿破仑天马行空地说出了他的伟大抱负，小拿破仑准备立志从军，想带领法国的雄兵，席卷整个欧洲，建立一个前所未有的超级大帝国，并且让自己成为这个帝国的大皇帝。叔叔听完他的抱负之后，当场大笑不已，指着小拿破仑的额头奚落他说：“空想，你想当法国皇帝？那是不可能的！”小拿破仑听了叔叔的话没有生气，反而静静地走到窗前，指着远处的天边问道：“叔叔，你看得到那颗星星吗？”这时还是中午12点，叔叔觉得小拿破仑简直是在白日做梦，他诧异地答道：“什么星星？现在是中午，当然看不到啊！孩子，你该不会是疯了吧？”小拿破仑却是依然淡定地说：“就是那颗星星啊！我真的看得到，它依然高挂在天边，不分日夜，一直为了我而闪烁着，那是属

王云之印
YES
你追求梦想，宇宙才对你说“YES”
DREAM
Sunny王云作品

于我的希望之星，只要它存在一天，我的梦想就永远不会破灭。”

事实上，小拿破仑所说的那颗希望之星从未存在过，但它一直存在于他的内心深处，凭借内在的希望之星的引导，拿破仑终于成为真正的法国帝王。

莱特兄弟和小拿破仑的故事，给人以心灵自由的积极启示，有时候，非理性的东西，甚至貌似不切实际的念头，为你的内核增加一些与众不同，但这些大胆的遐想，再加上执著的努力，却会激发梦想的实现！让心飞翔吧！

Sunny 浪漫心语

◎ 有时候，非理性的东西，为你的内核增加一些独特的灵性，但这些大胆的遐想，再加上执著的努力，却会激发梦想的实现！让心飞翔吧！

◎ 你会创造出自己的天堂，虽然有时路途艰难，却能用浪漫的梦想和坚持的行动，去开创出属于自己的一片天地。

Chapter 2

谁能读懂你的情思

Sunny 浪漫观点

“爱之于我，不是肌肤之亲，不是一蔬一饭，它是一种不死的欲望，最疲惫生活中的英雄梦想。”

这是杜拉斯的情调，你崇尚哪种情调呢？你，和全世界所有人一样，都值得拥有爱。

浪漫，是爱的多种表现载体，无论你是他心中的哪朵玫瑰，适用哪款香水，你都先要爱你自己。美国哲学家罗洛·梅曾说：“爱自己不只是好的，必要的，而且是爱别人的前提。”每一个人都是如此的独特，不要因为自己是普通人，就不欣赏和爱自己了。倘若连你都不能接受自己，还怎能让别人来接受你呢？相信你值得别人去善待，值得拥有爱，自然就能吸引爱的靠近。

连岳说：“找一个真正值得自己爱的人，和他度过一生，在这漫长的时空里，在他身上发现更多的他，在他身上发现更多的自己，在爱他的时候发现爱，在恨他的时候发现爱，把他像种子一样，留在自己的容器里。”

关系其实就像一面镜子，你可以从这面镜子中看清真实的自己，又可以看到别人对你的反射，你也能认出他人的不同个性。惜缘育缘，勤于沟通，让浪漫的情调充盈着爱的空间吧！

你是哪朵玫瑰

话说浪漫，怎能不想到玫瑰？

传说有人指着一幅画问绘画大师毕加索：

“你的画到底是什么意思，我怎么一点也看不懂？”

毕加索回答：“你能问一朵玫瑰花到底是什么意思吗？”

在英国及欧美许多国家，都把玫瑰定为国花，以表示挚爱，又因茎上有刺，表示严肃。爱情不仅浪漫而且庄严。基督教中，相传耶稣被出卖后，被钉在十字架上，鲜血滴在泥土中，十字架下便生长出玫瑰花。红玫瑰象征了爱情，是世界表达爱情的通用花语。相传爱神为了救她的情人，跑得太匆忙，玫瑰的刺划破了她的手脚，鲜血染红了玫瑰花。红玫瑰因此成为爱情的信物。古波斯诗人在诗中曾说：神用玫瑰花加蛇、鸽子、蜂蜜、死海的水、苹果、泥土混在一起，捏出了女人。

玫瑰花，其实原产于中国，久经栽培，现在的玫瑰大都是我国月季的法国变种。在希腊神话中，玫瑰是从垂死的美少年阿多尼斯的鲜血中生长出来的。阿多尼斯是爱神阿弗洛狄忒的心中所爱，于是玫瑰成为爱情的象征。人们视为“爱情花”“友谊花”，并把具有坚强个性的美女称之为“刺玫瑰”。我国诗人白居易有“菡萏泥连萼，玫瑰刺绕枝”之句。

传说在距今两千多年前的古老中国有这样的一个故事，佛祖的众多徒弟中有着这样的一对男女……男的性格热情叫“爱爱”，女的性格温柔，叫“情情”！

一天，他们在一起研究佛经时，在一座小山上发现了两朵含苞欲放的鲜花，因为从来没见过这样的花也不知道它叫什么名字，他们都很好奇。男的靠近鲜花想摘一朵看看，一不小心被鲜花的刺刺到了，鲜血流了出来；女的见了很心疼地拿起他的手，不经意地流下一滴眼泪，却与男的手上的那一滴血同时掉下，恰巧分别掉在那两朵鲜花上……

因为他们都是佛教徒，所以不可能在一起，于是他们微笑地分开了；男的走向天上，女的走下地底！

后来他和她都有了更好的名字：“爱爱”把名字变为月老，他希望女的不要记得他，他的工作却是让一对对有情人记得彼此，用他手中的那一条条小小的红线为无数对情侣联姻，可是又有多少人知道那一条条小小的红线其实就是他的一滴滴鲜红的血……“情情”把名字变为孟婆，她希望男的忘记她，而她的工作就是熬汤，传说中孟婆用她的一碗碗

“孟婆汤”让一对对恋人彼此忘记。喝一碗孟婆汤，来生跟你再续缘，可是又有多少人知道那一碗碗“孟婆汤”其实是她的一滴滴眼泪呢……

爱和情在一起时，造就了“爱情”。

爱情一定要有鲜花，那两朵花一朵是红色，一朵是白色，红色的代表热情的爱，白色的代表温柔的情；但它们有一个共同的名字——玫瑰花，传说中的爱情之花就是这样来的……

玫瑰多在夏季开花，品种以红、粉、黄三大类为主，玫瑰花以红、白为多，白者纯净无瑕，红者热烈奔放，被人们称之为爱情花。正如奥修所言：“爱非常脆弱，它就好像一朵玫瑰花，你必须让它在雨中、在风中、在阳光下欢舞。”

“也许每一个男子全都有过这样的两个女人，至少两个。娶了红玫瑰，久而久之，红的变了墙上的一抹蚊子血，白的还是‘床前明月光’；娶了白玫瑰，白的便是衣服上沾的一粒饭黏子，红的却是心口上一颗朱砂痣。”张爱玲的这段经典之言曾让很多女人惶惶不安，其实，女人也不必因为不能兼具红白玫瑰的双重特质而焦虑，男人自己也极少有能集千优大成于一身的，有什么理由要求女人一定要做到千娇百媚呢？女人们只需要修炼自身，做最美好而独特的自己即可。

浪漫是什么味儿的呢？应该是香的，莎士比亚在《十四行诗》中写道：“玫瑰是美的，更美的是它包含的香味。”小虫写的歌曲《玫瑰香》：“玫瑰香，夜未央……花有情才香，开过一样芬芳。”玫瑰很香，它是世界上著名的香精原料，人们多用它熏茶、制酒和配制各种甜食品，其价值常比黄金还高。玫瑰花极香，素有国香之称。宋代诗人杨万里有“别有国香收不得”之句，近代诗人秋瑾称其“占得春光第一香”，把玫瑰之香气称颂到无以复加的地步。

闻香识女人，不知有多少人把女人比做玫瑰，阴柔俏丽的小女人体现着玫瑰的色和香，令男人钟情，代表着浪漫，代表着爱，就像庞龙的那首《你是我的玫瑰花》：“你是我的玫瑰，你是我的花，你是我的爱人，是我的牵挂……是我一生永远爱着的玫瑰花”；刚柔并济的大女人则是那带刺的玫瑰，就像田震的那首《风雨彩虹铿锵玫瑰》，你会发现，很多事业有成的女人不仅有玫瑰的色和香，还带着玫瑰的刺，不仅外柔内刚，而且不乏浪漫，是玫瑰中的玫瑰！

在世界上不少国家，不管在情人节里，还是在平时，不管是老夫老妻，还是少男少女，都以能得到爱人、恋人、情人所送的玫瑰花为荣。Twins唱的《大浪漫主义》有句:“玫瑰今天销量倍增，因此手空空的我，份外变得敏感。”可见，玫瑰是那么有影响力和感染力，尤其在那些特别的日子，人们对浪漫的追求就更加强烈了。

诗人汪国真在《热爱生命》一诗里说：“我不去想能否赢得爱情，既然钟情于玫瑰，就勇敢地吐露真诚。”玫瑰是浪漫的象征，浪漫又是一种对于生命的热爱！

无论是心中拥有玫瑰还是手中获得了玫瑰，不同颜色的玫瑰都有不同的喻意，红玫瑰代表热情真爱；黄玫瑰代表珍重祝福和嫉妒失恋；紫玫瑰代表浪漫真情和珍贵独特；白玫

王云之印
你是哪朵玫瑰，由你来决定，因为，你就是爱。
Sunny王云作品

瑰代表纯洁爱情。

玫瑰的数字语言也非常丰富：1朵玫瑰花代表一见钟情，心中只有你，10朵玫瑰花代表完美的你，100朵玫瑰花代表百年好合，爱情百分之百，365朵玫瑰花代表天天爱你。中国人喜欢好事成双，比如，2朵玫瑰代表二人世界，22朵玫瑰代表两情相悦，好事成双。中国喜欢用9来表示长久，9朵玫瑰代表天长地久，19朵玫瑰代表一生永久，99朵玫瑰代表天长地久，长相厮守，999朵玫瑰代表爱无止境，而77朵玫瑰则有求婚意味了。

法国驻华大使白林说，她常常用玫瑰来装饰家，把它当做礼物送人，甚至用它来调配美食。玫瑰也代表了一种优雅，在法国，任何一个年龄的人都会习惯送玫瑰。

玫瑰花，不仅承载着特别的情调和观赏效果，还是高性价比的美容养生品。它可促进血液循环，改善女性荷尔蒙分泌，抵抗肌肤衰老。

由于玫瑰具有耐寒、耐温的美容属性，且花蕾香嫩、润泽，早在古代就备受宫廷贵人的青睐。白居易曾用“春寒赐浴华清池，温泉水滑洗凝脂”的诗句，诠释杨贵妃肌肤柔嫩而有光泽的秘诀，就是她在华清池经常浸泡着鲜嫩的玫瑰花蕾；慈禧太后也曾用玫瑰花制作胭脂和香皂。

玫瑰花带来的天然香气，被皮肤吸收后，比化工香水更加沁鼻，难怪埃及艳后用玫瑰精油当做香水使用，不仅提神醒脑，据说还有催情作用。玫瑰花含挥发油，主要成分为香茅醇、牦儿醇、橙花醇、丁香油酚、苯乙醇等。此外，还含有脂肪油、有机酸等成分，玫瑰精油虽属纯天然，但有超强的渗透力，不稀释使用，难免会产生脂肪粒，孕妇不宜使用。

熬玫瑰花粥时，应先将粥熬至九成熟或全熟，之后再加入适量的干玫瑰花，一般煮十几分钟，玫瑰香气出来时即可食用。

Sunny 浪漫心语

◎ 每个人心中都有一朵玫瑰，每个人心中都有一份浪漫。玫瑰是浪漫的象征，浪漫又是一种对于生命的热爱！

◎ 不知有多少人把女人比做玫瑰，阴柔俏丽的小女人体现着玫瑰的色和香，刚柔并济的大女人则是那带刺的铿锵玫瑰。玫瑰清丽妖娆，暖暖的香味给人以无限的爱的遐想，容易让人产生被爱拥抱着的幸福感。

◎ 玫瑰美容：干玫瑰用沸水冲泡5分钟，可加糖或蜂蜜饮用 。此外，还可以将玫瑰和其他花茶一起冲泡：桃花中含有多种维生素和微量元素，能改善血液循环，和玫瑰搭配能滋养肌肤，减少皱纹，保持皮肤光泽；茉莉花平肝解郁，可缓解胸腹胀痛，和玫瑰搭配泡茶，是安神止痛、健脾和胃的黄金组合。

戒指的神秘心语

戒指的造型既不表示开始，也不代表中间和结束，而是诉说着永恒的存在。埃及人最早使用戒指，在古埃及象形文字中，小圆环表示“永恒”；中国宋代已有珍珠戒指，意味着“家庭团圆”。

戒指的圆形是永恒和循环的象征，结婚戒指的圆形表示着永久的爱情；在罗马时代，戒指上的多层环褶，表现了永远不能割断的爱情结合的牢固程度。

与装饰戒指、印章戒指可追溯到几千年前相比，婚戒的历史要稍短些。最早交换结婚戒指的记载出现在1027年，古罗马时代赠送戒指的习惯是在订婚时而非结婚之时。作为婚姻契约信物的戒指，最早是铁质的，后来出现了黄金制成的订婚戒指。古罗马时代还有婚约中男方将自己姓名的大写第一个字母刻在戒指上，作为礼物送给未婚妻的惯例。

法国大革命时期，传统的结婚仪式与教会婚礼相融合，赠送订婚和结婚戒指的习俗一直延续到现代。戒指作为神秘的护身符在13—18世纪达到鼎盛时期。如今，戒指作为护身符的作用逐渐减弱，除了只给结婚戒指赋予更多传奇色彩之外，戒指的装饰功能和时尚功能日益成为潮流。

心作为感情的根源，表现了爱和牢固的情愫。在古希腊时代心形曾经被广泛使用在装饰品上；在近代，又开始盛行在订婚和结婚戒指上装饰心形的图案，表达的是在任何时候，你都永远在我心中！

相传戒指源自古代太阳崇拜。古代戒指以玉石制成环状，象征太阳神日轮，认为它像太阳神一样，给人以温暖，庇护着人类的幸福和平安，同时也象征着美德与永恒、真理与信念。婚礼时，新郎戴金戒指，象征着火红的太阳；新娘戴银戒指，象征着皎洁的月亮。

在欧洲，作为装饰或护身符的戒指中，从古到今，最为显眼的就是蛇的造型。这起源于基督教文化形成之前对蛇的信仰，把蛇作为生命力、长寿和富饶的象征。维多利亚女王在订婚戒指上加入了蛇的造型，对人们的时尚追求造成了极大的影响，成为维多利亚王朝的时代风潮。

在一些以拿破仑戒指为主题的故事里，说他从厄尔巴岛逃离时，曾经向帮助他的法国将军赠送过戒指，戒指上有雕刻着小型拿破仑肖像画的纪念章。向人赠送镶嵌了肖像画的戒指，在当时的欧洲非常流行，尤其在王公贵族的阶层中颇为时兴。

据说，男人把结婚戒指戴在女人的左手上，是为了将女人的心牢牢留住。从远古时代开始，男人就相信在女人的体内有一根从心脏笔直通到左手无名指的血管。左手确实比右手更靠近心脏。以前，人们认为无名指是与心脏连接着的，在心脏的中部据说有感情的中心，在那里结合了爱情，于是产生了左手上戴结婚戒指的习惯。结婚戒指不能用合金制造，必须用纯金、铂金或白银制成，表示爱情是纯洁的。

传说将两只手的中指相对合上，其他手指也相对，拇指代表父母，食指代表兄弟，小指代表朋友，无名指代表夫妻，除了无名指不好分开以外，其余的手指都比较容易分开，说明夫妻是很难分开的，所以戒指要戴在无名指上。

到了文艺复兴时代，不知是受到自由风潮的影响还是辟邪的需要，随意佩戴戒指成为时尚。在当时德国画家的作品中，就有女人手上戴十枚以上戒指的。但古代和中世纪出现的左手无名指戴订婚或结婚戒指的习惯，虽经历了无数历史的变迁，却一直延续流传至今，这也彰显了欧洲人尊重基督教传统精神的持久度。

戒指一般不宜随便乱戴，按习俗它戴在各个手指上所表示的含义不一样，这是一种沉默的语言，也是一种讯号和标志。国际上比较流行的戴法是：戴在食指上表示渴望爱情，戴在中指上表示已在恋爱中，戴在无名指上表示已经订婚或已经结婚。在国外，不戴戒指也表示“名花还无主，你可以追我”。而时尚达人已经不太拘泥于这套规矩，只要自己喜欢，戴在哪个手指都无所谓。

戒指传统意义是一种戴在手指上的装饰品。有一种起到装饰作用的戒指，无论你戴在哪里都不具备任何意义，这种戒指就是一般的花戒。花戒可以戴在任何你想戴的手指上，没有任何拘束，很适合个性浪漫的人。

有趣的是在瑞士，人们戴的戒指既是装饰品，又是表达职业的无声语言：一般戒指上有橡树叶图案的，主人多为中学教师；有一束刺槐叶、一柄斧头和一个十字架交错在一起的图案的，多为木匠；戒指上装饰有一顶桂冠的，一般来说主人是擦玻璃工。通常，这些象征职业的戒指是戴在食指上的。

戒指的材质与搭配

戒指的材质对在爱情中的人十分重要。几乎没有女人会抗拒来自钻戒的诱惑。正如古希腊人深信的那样，钻石是星星掉到地球上的碎片，被称做“天使的眼泪”，可望而不可即。钻石象征着爱情的坚贞与纯洁，传统的订婚戒指都是钻戒。左手连心，戴在左手无名指上的钻戒会给予你一生的呵护和珍爱。钻戒是女人最好的朋友。

自古以来，红宝石被视为能镇静精神的幸运之物，戴在左手有减轻心脏病与清血的功效；蓝宝石则被当做贞洁的象征，神父在给人祝福时，右手上要戴蓝宝石戒指，蓝宝石还被作为圣母玛利亚的象征，相传在民间还具有治疗内脏疾病和止血的疗效。

行家指出，你在选购钻石时，关键在于要掌握“4C”原则，即购买钻石的四个标准：

Carat（克拉——重量）：钻石是以“克拉”来计算其重量的；

Color（颜色）：钻石有多种颜色，最佳的钻石，是不含任何颜色的透明体；

Clarity（净度）：是指钻石里所含杂质的多少；

Cutting（切割工艺）：切割一定要恰到好处，钻石的光芒来自于高折射率和高散色性能。

另外，珍珠戒指也有着美好的内涵。盛产于古代欧洲的天然珍珠被称为“海中钻石”，有黑珍珠等名贵品种，被当做勇气、纤细和善良的标志，镶嵌了珍珠的戒指独具高贵的品格，被赋予忍耐、谦让以及精神与肉体的纯洁性。在基督教中，珍珠还被当做消除痛苦的象征。据说，珍珠会敏感地反映佩戴者的身体状况，假如主人健康，珍珠则会闪闪发光，否则珍珠就会黯然失色。

时尚界认为戒指不仅仅是装饰品，你喜欢戴哪一类戒指，喜欢戴哪根手指，都会泄露你的心底故事。

如果你手指丰满、修长，适合佩戴体积较大或款式新颖大胆的戒指。

如果你手指短小，应尽量挑选有棱角或不规则的戒指。

如果你的手指富有艺术气质，适宜佩戴指环宽阔、单粒钻石，如长方形、橄榄形等。

喜爱粉红钻或粉红色珊瑚者，感情丰富而浪漫。

喜爱红宝石或红碧玺者，热情似火。

粗大的手适合佩戴稍大的戒指，小巧的手适合佩戴纤小的戒指。

戒指的造型要参照你面部的线条，当你面部呈曲线特征时，可以选择有曲线造型的戒指，若面部呈直线特征时，可以佩戴有直线造型的戒指。

Sunny
浪漫心语

◎ 戒指的圆形是永恒和循环的象征，结婚戒指的圆形表示着永恒的爱情。

◎ 戒指的造型既不表示开始，也不代表中间和结束，而是诉说着永恒的浪漫。

◎ 戒指的造型要参照你面部的线条，当你面部呈曲线特征时，可以选择有曲线造型的戒指；面部呈直线特征时，可以佩戴有直线造型的戒指。

镜子是不会说谎的朋友

镜子具有不可思议的特性。英语叫“mirror”，法语叫“miroir”，词根是拉丁语“ mirari ”，有诧异的意思，派生出的意大利语“mirare”有凝视的意思。镜子具有魔法般的功能，是我们观察自我、认清自我的工具。

在100多年前，中国、日本才开始使用玻璃镜，欧洲也是在近代以后才开始普及玻璃镜的。意大利威尼斯在16世纪开始制造镜子，主要是生产手镜，镜子大小刚好能拿在手里，16—17世纪，镜子市场被威尼斯垄断。

人们日常照镜子最初是以水为镜，浪漫是离不开水的感觉的，中国字的“浪漫”都有水字旁，所以镜子也是很浪漫的生活用具。世间罕见的美少年纳西斯的神话，讲的是一个迷恋水中自己形象的人，被人们戏谑成为自我欣赏、自作多情的自恋狂。古希腊神话中，有一个名叫纳西斯的俊美少年，他非常喜爱自己的容貌，每天都到水边去观赏自己的倒影，久久不忍离去。这样日复一日，年复一年，他深深地爱上了自己的水中倒影，认为世上所有的女子都没有自己漂亮。最后，他投身碧波之中，与自己的影子合为一体，化为一株水仙花……

使用镜子的最大目的在于整衣理容，在人和镜子的长期关系中，镜子这一功能一直占着重要地位。由于镜子中的自己只是成了和实实在在的自己分离的映像，所以在面对镜中形象时，你的意识里往往已经不再有一种严谨的现实感，而是一种虚拟的幻想，仿佛是另一个自己在另一个世界遨游，那里弥漫着一股非现实的浪漫情调，有时难免会有一种恍惚感油然而生，并与内心深处潜在的自我陶醉产生强烈的共鸣。镜子意味着是通向其他世界或虚构的非现实世界的入口，往往使人浮想联翩。画坛巨匠毕加索也画过几幅镜子题材的画，如《镜中静物》，还有早期作品《化妆的女人》，诉说着女人与化妆这个亘古不变的主题。

当你与镜子中的自己相遇，你如何形容自己呢？想对镜中的你说些什么呢？站在一个大镜子面前，观察你的脸和全身，也许你会更喜欢看到自己的某些部位而不喜欢另一些部位，或许有些地方是你最傲人的，每当你注视着的时候总能令你自豪，也有你认为最不耐看的部位，通常会让你感到不爽。可能你正掩饰着这一段时间的纠结，但你脸上那多愁善感的表情会被镜子揭露，还有你那隐约流露的情感与幻梦……

无论你喜不喜欢镜子里看到的画面，你都要面对那个真实的自己，镜子直言不讳地让你体验：“哦，这就是我！”早上起来照镜子，镜子可能会无声地提醒你：该化妆了，不过若没有我你是无法化好妆的！如果你果真神清气爽，那么镜子也会让你自我感觉良好，仿佛在说：我状态很好！美，很美，非常美！

人和镜子之间的关系，归根到底还是人和自己内心活动之间的关系。记得银屏上的安娜·卡列尼娜在和沃伦斯基吵架后，难过地对着镜子，她看着镜子里的自己百感交集，想到自己曾那么美丽，被赞美过、爱过。而现在的她是那么的憔悴而迷茫，脸上有细细的皱纹，她仿佛听到镜子里的那个忧虑的女人无助地对她说：真丑，都是这些皱纹弄的！可见，镜子既可以见证女人最重要而难忘的时刻，也可以抒发其最纠结而隐秘的心理活动。

照镜子与真实长相确实存在一定差距，这是基于镜子本身和照镜人心理而发生的。从心理角度来看，在心情较好的情况下，当你感觉自己和镜子中的形象不太一样时，你会主观地认为镜子中的自己更美。

其实，镜子是世界上最公正廉洁的了，不管你如何贿赂他，他呈现的还是你真实的嘴脸。镜子也蕴涵着许多哲理，有人说，关系是一面镜子，在其中，你可以看到自己，但看到的不是你希望美化的形象，而是看到一个真实的你。镜子映照出真实的影像，他从不会让你欺骗自己。如果人人都能好好地领悟镜子的哲理，那么这个世界会变得更加的和谐安宁！

关系是一面公正的镜子：可以是你与自己认知之间的镜

子，你与父母之间的镜子，你与恋人之间的镜子，你与朋友之间的镜子。你不仅从镜子里看到你自己，而且还能看到自己心里隐藏的心情、感觉、动机、嗜好以及喜怒。

克里希那穆提（Jiddu Krishnamurti）曾说，当你在关系的镜子中观察自己时，往往会扭曲了你看到的东西。然而，如果在那面镜子中你只是看到客观事实，而不带评判，不带着谴责或接受的态度，你就会发现那就是自我了解的开始。

有人说，通过照爱情这面镜子可以鉴别你的恋人，其实更多的是可以反射出你自己的内在需求。镜子，似乎是你所处关系的桥梁，你因此爱上了某种情感的联结。保罗·皮尔梭曾说："如果你生气了，请在面对爱人之前先面对镜子。看看自己，你喜欢现在这张脸吗？"

你是他的一面镜子，他是你的一面镜子，彼此互相照映着，你从对方身上看到你的反面，对方从你身上也看到他的反面，就像是在跳双人舞，你进他退，你退他进，爱是给予与接受，这就是关系镜子里面的焦点。你的存在与他人的存在是相关联的。

有谁能统计出，一个人在一生中要花多少时间照镜子呢？又有谁能想象倘若没有发明镜子，那么人们将会如何认知自己的美丑呢？生活也是一面镜子，你对他微笑，他为你喝彩；你对他哭泣，他为你遗憾。镜子反射的是你自己，而折射的是别人眼中的你，善待镜子，也就是善待关系，因为破镜可不容易重圆。倘若你能善待自己又善待别人，那么当你在照生活这面大镜子时，就能时刻看到自己美好的影像！

镜子是不会说谎的朋友。

Sunny
浪漫心语

◎ 人们日常照镜子最初是以水为镜，浪漫是离不开水的感觉的，中国字的“浪漫”都有水字旁，所以镜子也是很浪漫的生活用具。

◎ 人和镜子之间的关系，归根到底还是人和内心活动之间的关系。如果你果真神清气爽，那么镜子也会让你自我感觉良好，仿佛在告诉你：形象好极了！美，很美，非常美！

◎ 镜子是世界上最公正廉洁的了，不管你如何贿赂他，他呈现的还是你真实的嘴脸。倘若你能善待自己又善待别人,那么当你在照生活这面大镜子时，就能时刻看到自己美好的影像！

最想忘记的是最深的记忆

“相识，总是那么美丽；分别，总是优雅不起。你的身影，是一只赶不走的黄雀，最想忘记的，是最深的记忆。”汪国真的这首诗诉说着记忆，而最深的记忆往往是浪漫而难忘的。

浪漫，是一种美好的记忆，时而如润物细雨，时而如烈焰流火，凝结在心中的是一幕幕挥之不去的情愫。每当你在美丽的夜晚为自己点燃一盏蜡烛，做着香薰，静静地慢慢地回忆过去的记忆，为自己的遐思添加羽翼。

在电影中经常可以寻找到浪漫，也不知道是电影模拟了我们的浪漫还是浪漫美化了电影，电影让一切的不可能和我们心中的期望变成了妙趣横生的生动记忆。小说《神雕侠侣》有杨过的断臂和小龙女跳崖的浪漫镜头，给读者留下难忘的影像。电影《泰坦尼克号》最经典的场景是露丝随杰克走向船头，杰克告诉露丝闭上双眸，伸开双臂，就能享受飞一般的感觉。露丝鼓足勇气站在了船头上，伸开双臂，当她睁开双眼时，眼前是一望无际的大海，而身后则是自己的心上人，两人热情拥吻……其实，在豪华游轮的船头做如此的动作，对任何一个乘客都是被禁止的，尽管“展臂高飞”的一幕是虚构的，但并不妨碍人们对那唯美浪漫的迷人画面留下心中永恒的梦幻情愫。经典老片《人鬼情未了》的浪漫记忆是伴随着那首脍炙人口的主题曲，美莉和萨姆缠绵在一起制陶，那沙哑动人的歌声悠然响起……这经典的爱情记忆曾入选为“世界影片最性感银幕时刻”；光阴荏苒，刹那芳华，岁月如梭，但那经典浪漫的记忆却永远也不会泯灭！

现实生活中，你一定有不计其数的浪漫照片，其中一定有属于你的浪漫影像，电影记载着经典的浪漫记忆，你的影集和录像则记录了属于你人生的美好轨迹。

你的浪漫也许是恋人将你抱起举高的激情，也许是和闺蜜挚友相知的泪水，也许是和家人欢声笑语团聚的温暖，还可能是你独自旅行的一段奇遇……

“都说时间是最好的良药，当你觉得力不从心的时候，莫如将一切交付给时间，它会让你把该忘记的都忘记，让你漫不经心地从一个故事走进另一个故事里”，林徽因的这句话显然很洒脱，然而，谁的心灵内存里没储存点生命的记忆呢？尘封的浪漫往事，伴随着成长的年轮或许柔化温润了你的内在，抑或许滋养强化了你的心灵，但记忆终归是记忆，美好的封存珍藏，痛苦的治愈舍弃，不要让那挥之不去的回忆牵绊了你当下的日子。

Sunny 浪漫心语

◎ 最想忘记的是最深的记忆。最深的记忆往往是浪漫的。

◎ 浪漫，是一种美好的记忆，时而如润物细雨，时而如烈焰流火，凝结在心中的是一幕幕挥之不去的情愫。

◎ 谁的心灵内存里没储存点生命的记忆呢？尘封的浪漫往事，伴随着成长的年轮或许柔化温润了你的内在，抑或许滋养强化了你的心灵，但记忆终归是记忆，美好的封存珍藏，痛苦的治愈舍弃，不要让那挥之不去的回忆牵绊了你当下的日子。

用好你的浪漫武器

浪漫不需要矫揉造作，却也不乏值得留心的魅力元素，你对待自己和他人的方式、一言一行，一举一动所散发的特质，归纳起来就是你的浪漫“真经”！

浪漫武器一：心的浪漫

浪漫由心生，只要有浪漫的情怀，无论你是男人还是女人，无论是年少还是年老，无论是豪情万丈的大浪漫还是小家碧玉般的小浪漫，你的浪漫都是有生命力的。

在京城，曾有一些热爱生活和事业的人们，发起成立了中国职场女人养心堂，强调从“心”出发，追求健康、睿智、时尚、快乐，做懂营养、会保养、有修养的“三养”女人！

在旅游卫视常播放的口号语叫“身未动心已远”！那么，心若无界，视野就宽。心若没有疆界，心的浪漫是可以所向披靡、跨越时空的。

浪漫武器二：眼的浪漫

梁静茹在《勇气》这首歌中唱道："爱真的需要勇气，来面对流言蜚语，只要你一个眼神肯定，我的爱就有意义。"可见，眼神的作用意味深长。

"像一阵细雨洒落我心底，那感觉如此神秘。我不禁抬起头看着你，而你却不露痕迹。虽然不言不语，叫人难忘记……"蔡琴的这首名为"你的眼神"的歌，诉说着眼神的深情内蕴。

想想生命中那些令你难忘的目光：那千般情愫又难以启齿的暗恋者的眼神；那柔之入骨又炽热难耐的恋人们的眼神；那慈爱祈福又担忧操劳的父母亲的眼神；那心有灵犀又坚定信任的知己的眼神；那喜悦童真又好奇依赖的孩子的眼神……

流过泪的眼睛有着开阔的视野。奥修曾说：眼睛是非常有象征性的。它们是你身体的一部分，也是你的灵魂之窗。当你的灵魂变得宁静、和平、喜悦时，你的眼睛就有一种深度、清澈、纯洁、天真。它们变得如此透明，以至于你能够看到一个人的灵魂。

倘若让你在两分钟内从外表判断一个人是否浪漫，那么观察对方的眼睛是最可行的方法。奥黛丽·赫本说："女人的美丽必须从她的眼中找到，因为这才是她的心灵之窗与爱心之房。"双眼百媚生，形象顾问通常会告诉你浪漫的眼睛是什么样的。从广义的角度，浪漫的眼睛可以不只有一种。

你的眼睛无论是很讨好的桃花眼还是丹凤眼，无论是饱满的双眼皮还是俏皮的单眼皮，都可以用化妆术让目光更炯炯有神，但是，最迷人的双眼，还是你那从心出发、洋溢着深情意味的目光。用一双会说话的眼睛去表达你的浪漫吧！

浪漫武器三：口的浪漫

曲线型的唇形显得浪漫，不光如此，无论你是什么样的唇形，都可以说赞美之词，道甜言蜜语，只要你善于用口表达你的所思、所想和所愿，那么你的口无疑就是浪漫的好工具。

吻是浪漫的，歌德曾热情地称赞约翰·塞孔杜斯是“吻的伟大诗人”，他对恋人的精彩诗句：“不管你的吻是短是长，是热是凉，是漫不经心，还是专心致志，是僵硬，还是柔软，我全都喜欢……让我感到你的吻是一个神秘的世界。”

有个发生在俄罗斯小镇的真实故事，中年夫妇沙波瓦洛夫和妻子傍晚在海边散步，他们依偎在微风吹拂、波光荡漾的岸边。突然，乌云密布，雷声轰鸣，大雨磅礴，沙波瓦洛夫见妻子胆怯地躲进他的怀中，正低头想亲吻安抚她，意想不到的是，一道闪电伴着惊雷划过天际，刹那间击中了他的太阳穴，在这惊心动魄的瞬间，妻子临危不惧，也毫不犹豫地紧紧地抱着他亲吻，夫妇俩几乎同时被闪电击中，风雨之中，两人相拥亲吻的画面仿佛在天地间凝固了。然而，幸运的是，经过抢救，夫妇俩都脱离了危险，就连权威的医生也不得不赞叹沙波瓦洛夫能活下来是个奇迹，或许最好的解释是，爱的力量打动了上帝，妻子的那一吻，分担了他身上雷电的冲击力。

王云
之印
LIFE
虽然你手中有很多机会，
但也要走好脚下的道路。
Sunny王云作品

浪漫武器四：手的浪漫

俗语说： 心灵手巧。手，也是人的灵性履历表内容之一。手，还是女人的第二张脸。

手的浪漫不限于你的纤纤玉指和诱人的美甲，要知道你的一切浪漫举动都要通过你的双手去实践，手不仅是劳动的器官，也是浪漫的工具。送人玫瑰，手留余香，连尊贵的结婚钻戒也必须戴在手上的。

浪漫武器五：足的浪漫

尽人皆知的老话说得好：千里之行始于足下。你的浪漫之旅要从脚下的每一步开始，用你的双脚多出去走走吧，浪迹天涯，万水千山总是情，走遍天涯路，方可领略浪迹天涯的滋味！浪漫也需要捷足先登的勇气！

Sunny

浪漫心语

◎ 浪漫不需要矫揉造作，却也不乏值得留心的魅力元素，你对待自己和他人的方式、一言一行，一举一动所散发的特质，归纳起来就是你的浪漫“真经”！

◎ 五大浪漫武器：心的浪漫、眼的浪漫、口的浪漫、手的浪漫、足的浪漫。

◎ 心若无界，视野就宽。心若没有疆界，心的浪漫是可以所向披靡、跨越时空的。

不能说的秘密在雨中

“最美的不是下雨天，是曾与你躲过雨的屋檐。”周杰伦在《不能说的秘密》中唱道。雨有一种神奇：它能弥漫成一种浪漫情调，渲染成一种浪漫氛围，镌刻成一种浪漫记忆。不论是春雨绵绵， 秋雨涓涓，或是大雨滂沱，只要你静静地欣赏，都有不同的意境。

有个乐活一族的IT女孩追求返璞归真，有一个特别的嗜好，就是喜欢收集雨水来洗澡，她觉得用雨水洗澡时，感觉皮肤在呼吸，感到整个人与大自然融为一体了，是在享受浪漫的雨的洗礼！

杜甫那句脍炙人口的“润物细无声”，描述了“好雨”的韵味。雨，有时像连珠， 有时似轻纱，点点滴滴，常能与人们多愁善感的心境产生共鸣。下雨时，隔着纱窗，看窗外烟雨蒙蒙，听窗外雨打树叶的节奏，尽管没有舒伯特小夜曲的酣畅，也没有贝多芬交响乐的雀跃，只是轻轻的、细细地从空中飘洒着。很多人喜欢雨，是因为可以徜徉在雨的诗情画意中，谢绝鸟语花香的繁华与热闹，在这样安静的时刻聆听雨的诉说，享受一场缠绵的好雨，淅淅沥沥的雨声诱使着屋内的人们酣然入梦。

因为有雨，伞诞生了！五彩缤纷的伞在下雨天里更透着浪漫，让雨的空间分外妖娆。“撑着油纸伞，独自彷徨在悠长，悠长又寂寥的雨巷，我希望飘过一个丁香一样的结着愁怨的姑娘。”这是现代派象征主义诗人戴望舒《雨巷》中的诗句。

诗人汪国真这样形容雨：“一对恋人走在小巷里，那情景再寻常不过。但下雨天手中魔术般又多了一把淡蓝色的小伞，身上多了件米黄色的风衣，那效果便又截然不同。一眼望去，雨中的年轻是一幅耐读的图画。”

很多人在下雨天里不喜欢打伞，似乎就喜欢那种任凭雨打风吹的感觉，也许这也代表着一种特有的浪漫吧。一位网友曾这样叙述她的一次雨中行：“半夜里，专门来欣赏和观察大理著名的浪漫夜生活，结果刮风下雨，风度翩翩的善男子、善女人个个落荒而逃！为什么他们就不能像我这样，体会淋着雨的浪漫呢？谁说一个人的浪漫不是浪漫？我和大自然谈恋爱好多年了，感情深厚，恋恋不舍！”

Sunny
浪漫心语

◎ 很多人喜欢雨，是因为可以徜徉在雨的诗情画意中，谢绝鸟语花香的繁华与热闹，在这样安静的时刻聆听雨的诉说，享受一场缠绵的好雨，淅淅沥沥的雨声诱使着屋内的人们酣然入梦。

◎ 雨，有时像连珠，有时似轻纱，点点滴滴，常能与人们多愁善感的心境产生共鸣。

◎ 雨，恰似太阳隐藏的泪水，又宛如上天赐予大地的甘露。伞，让雨的空间五彩缤纷。

男人是浪漫的CEO

提起浪漫，或许你脑海里马上浮现出这样几个词：玫瑰、烛光晚餐、风花雪月、甜言蜜语、梦幻般的，甚至是貌似有点二的创意……浪漫，在有些男人的脑子里习惯于看成是“不现实的”或者“女人专属的”。女人喜欢的浪漫，是在生活中时时自己制造出一点惊喜、一点风情或者一点童趣，而男人喜欢的浪漫，往往是深沉地表达一点睿智和朴素的情怀。

老沫和王韵韵作词的《男人好难》这首歌似乎诠释了不解风情的男人：“男人，请原谅他不浪漫……有时他有苦难言……没有你想象强悍……不能靠冲动买单……请原谅他很平凡……有时他左右为难……生活比想象平淡……”

花样年华的男人，不是青涩苹果般腼腆的浪漫，就是那种初生牛犊不怕虎的浪漫；青春年壮的男人，不是细腻温存的浪漫，就是轰轰烈烈的浪漫；老成持重的男人，不是细水长流的浪漫，就是深邃凝重的浪漫。

每个层面的男人都有浪漫的基因，男人的个性特征不同，浪漫的表达方式也不同。他们可能是追求境界的精英男，或许是很有品位的优雅绅士，也可能是深居简出、酷酷的文艺范儿男，还可能是生活在城市的某个拮据生存空间，却不时能带给你浪漫情愫的青春小伙……浪漫的男人，并不一定风流倜傥，也不一定有潇洒登场的高大身材，他们更不一定有神秘莫测的气质或者无懈可击的才华；但是通常都会有颗善解人意的恻隐之心和从容宽广的胸怀。他们身上总是会有一种难以言语的浪漫元素，即使严肃现实，仍不失一马当先的爆发力；即使木讷少言，仍不失坚韧内敛的魅力；即使风度翩翩，仍不失细腻可信的责任感。那一份男人独有的浪漫情怀，让女人们在不经意间念念难忘。

莎士比亚的《罗密欧与朱丽叶》，不仅描绘了一场惊心动魄的爱情悲剧，还塑造了罗密欧这个勇敢殉情的浪漫男人形象。男女主人公出生在两个世代为仇的封建家族，他们在偶然的相会中一见钟情，却根本不可能结合。他们求助于神父，神父同情和理解他们，秘密给他们举行了婚礼。但封建家长凯普莱特却要把女儿朱丽叶许配给少年贵族帕里斯，并强令马上成婚。朱丽叶吃了神父赠的安眠药假死过去，以躲过这场劫难。罗密欧得到妻子的“死讯”，悲痛万分，抱了以死殉情的决心连夜返回，在朱丽叶的身边服毒自杀。从昏迷中醒来的朱丽叶见丈夫已经死了，也饮毒、自刎死去。

罗密欧敢于背叛封建大家庭，爱上了仇人的女儿朱丽叶，成为一个坚定的人文主义者；他真诚、勇敢，忠于爱情，大无畏地追求一种自主、自由、美好的爱情；他注重友情，当朋友被仇人杀害，他的爱情面临“风险”的时候，他拔刀相助杀了仇人，却使自己的爱情遭遇了一场“灾难”，显示了他的高尚品格。罗密欧与朱丽叶的生死恋情，是对浪漫悲情男人的一曲颂歌。

说古论今，我们现代人的浪漫行为体现在日常生活每一天的点滴中。

《家庭周末报》曾经报道过一件真实的令人景仰的浪漫故事：上海一对90多岁的老夫妻，几十年如一日，几乎每天到同一家饭店坐在同一个位子上共进晚餐，只为用这样质朴的行为来记录他们彼此的恩爱。

在情感世界里，曾有人认为，女人浪漫、男人木讷似乎是常理。也有人把女人的浪漫比作蝴蝶，男人的不解风情比作水牛，但是，如果细细想来，你一定会为男人们平反呼吁。

谁都知道玫瑰、烛光晚餐以及百变招数的求婚场景都是浪漫的惯用元素，可是细细想来，充当护花使者的这些浪漫行为不都是男人在切切实实地去执行的吗？恋爱中所做的浪漫行动，80%也是男人做的。

通常我们总把浪漫归功于女人，女人固然是浪漫情思的缔造者和崇尚者，但殊不知男人才是浪漫执行力最强的人，可见，女人喜欢浪漫，而男人则是浪漫行为的CEO。

一位男士去理发，他让发型师在他的头上修出一个“12”的数字来，然后以此纪念他与太太结婚12周年的纪念日。发廊的工作人员们无不为这位男士超有爱的创意而赞叹不已！

传说在塞浦路斯有一个名叫皮格马利翁的男雕塑师，他十分欣赏自己精心制作的爱神雕像，欣赏她迷人的表情，以至于爱上了她。皮格马利翁恳求爱与美的女神维纳斯，为他自己所欣赏的石制雕像赋予生命，最后这位雕塑师果真如愿以偿，和自己的作品喜结良缘，真是一种心诚则灵的浪漫之举！

男人要树立良好的恋爱形象，不单单是表面文章，你的个人形象及修养也以其独到的方式表露着你的思想和内心世界。不同的男人，在生活方式和态度上存在着很大的差异。

如果你想迎合女人的品位，突出男人坚实的骨感。衬衫整体轮廓就要收身，使之与西装配套穿着后很服帖，不再有鼓囊的不平整的印象。如果西装的色彩回归正统，那么有色衬衫将增加温馨的气氛，如橘黄色、浅粉色、苹果绿、蓝色，还有酒红一类的暖色。条格图案也是流行元素之一。

休闲西装很适于日常约会穿着，可以打破传统西服的拘谨沉闷，经过加工磨制的灯芯绒、羊毛或者麻、棉、真丝都是不错的选择。悬垂感很好的面料令男人穿上舒适潇洒，可以突出恋爱时分的似水柔情。

浅藕荷、柔粉、浅薄荷绿、钴蓝、浅咖、淡紫、墨绿等都是很出效果的色彩，只要搭配得当，就能让男人看起来明亮而有朝气。还有各式格子花色、英伦风格的方格、碎花纹，规则或不规则的排列使男人看起来温情而又风度翩翩。和女友一起，不妨用一条有亲切温馨感觉图案的领带。

当一般的男人认为白衬衫只适用于家庭庆典、宗教仪式、订婚仪式或是结婚仪式以及上班时间时，据说有些女性却很希望在除上述场合以外的地方看到男士身着洁白的衬衫。白衬衫也被证明是一种具有诱惑力的装扮。《闻香识女人》中的阿尔·帕西诺、《漂亮女人》中的理查·基尔乃至美国总统都证明了这一点。简洁的白衬衫暗示此男人不是一个随波逐流、追求时髦的人，这会给女性极大的安全感。此外，至少它还表明你很爱干净，每天愿意更换一件衬衫。其实，不一定是白色的，有彩色系的多种柔和或明快色调的衬衫或者T恤也能让你体贴倍增。

Sunny 浪漫心语

◎ 有人把女人比作风情万种的蝴蝶，把男人比作不解风情的水牛。其实，每个层面的男人都有浪漫的基因，男人的个性特征不同，浪漫的表达方式也不同。

◎ 通常我们总把浪漫归功于女人，女人固然是浪漫情思的缔造者和崇尚者，但殊不知男人却是浪漫执行力最强的人。女人喜欢浪漫，而男人则是浪漫行为的CEO。

◎ 男人要树立良好的恋爱形象，不单单是表面文章，你的个人形象及修养也以其独到的方式表露着你的思想和内心世界。不同的男人，在生活方式和态度上存在着很大的差异。

谁是首席女人

在五彩缤纷的商业社会，“首席”两个字漫天飞舞，哪个行业都有首席。你一定知道CEO、CFO等诸如首席执行官、首席财务官、首席运营官这样脍炙人口的称谓，我顺势联想到“首席女人”这个词，首席女人，就是那个占据着男人内心的重要女人。

每个男人在一生中都要接触到很多女性，在不同的人生成长阶段，似乎自然有他心目中的首席女人。在他孩提期，母亲可能是他的首席女人；少年期，某个女同学、偶像明星，或许是他梦幻的首席女人；青壮年期，初恋女友、老婆、某个红颜知己或许是他的首席女人……

曾看过瑞士电视台播出的一个纪念好莱坞影帝格里高利·派克（Gregory Peck）逝世的专题片。1952年，派克去罗马拍摄《罗马假日》途中，在巴黎短暂逗留。这时，法国一家报纸《法兰西晚报》美丽聪慧的女记者维罗尼卡·帕萨尼采访了他，采访在愉快的气氛中进行了近两个小时，第二天，派克便去罗马拍《罗马假日》。

半年后，派克在拍完电影返回美国途中，又在巴黎短暂逗留。他想找个旅伴一起游巴黎。他给报社打电话找那位法国女记者维罗尼卡，那时报社里的人都知道派克是大名鼎鼎的美国影星，他来找某人肯定是有要事了。等维罗尼卡接到电话时，派克直截了当地说："我想请你共进午餐，请问你有空吗？"

对方没有回答。派克又问了一次，还是没有回答。正在派克怀疑自己的男性魅力时，维罗尼卡有点勉强地说："可以……吧。"

于是，他们那天共进午餐，一起在巴黎游玩。后来，派克问维罗尼卡那天答应共进午餐时为什么同意得那么勉强？维罗尼卡说那天中午她原本计划要采访法国哲学家、文学家萨特（Jean Paul Sartre）。派克又问她，既然如此，为什么要放弃这么重要的采访工作，而和他这位美国演员见面呢？维罗尼卡腼腆地笑而不语。

实际上，他们会面之后，维罗尼卡整整一生没再写什么文章，而是追随她的偶像派克，跑遍世界各地。后来，她嫁给了派克，并和派克恩爱地度过了48年。

好莱坞的男星一般来说在感情上的口碑都不怎么良好，但格里高利·派克却比较例外。他曾问心无愧地向全世界宣告："我爱赫本，所有人都会爱这样的天使"；而对于与他相濡以沫48年的妻子维罗尼卡，派克所给予的依然是持久的忠诚和依恋。2003年6月12日，派克，这个演了一辈子爱情戏的男人，在寓所里去世的瞬间，并没有因仓促而忘记将自己的手放到妻子维罗尼卡手中，感谢这位执着的法国女人几十年来对他的爱。

林语堂80岁那年，在《八十自述》一书中写道："我从圣约翰回厦门时，总在我好友的家逗留，因为我热爱我好友的妹妹。"林语堂十七八岁时就对陈锦瑞情有独钟，两人相爱却因女方家长棒打鸳鸯而没能成眷属，林语堂直到80岁还难忘相思。

天真无邪的少年林语堂，初恋是同村长大的赖柏英。赖柏英蹲在小溪边等着蝴蝶落在她头发上，然后轻轻地走开，却不惊吓到蝴蝶的画面，一直在林语堂的美好记忆里，用他的描述来说："赖柏英笑起来的时候，就像清澈湖水，阳光洒下来，明媚一如花都开好了的春。"只是他俩因一个远走他乡求学，一个留在故乡，而从此天各一方。

林语堂与太太廖翠凤是经旧式包办婚姻结为连理的，生于富贵之家的妻子不仅不嫌他出身贫寒，还能包容他对昔日情人陈锦瑞的思念，在他们经济拮据时，还默默当掉首饰维持家中的生活，这令林语堂刮目相看、心怀感激。在他们结婚50周年的金婚纪念日那天，林语堂送给妻子廖翠凤一枚勋章，上面刻着美国诗人所写的《老情人》一首诗："同心相牵挂，一缕情依依。岁月如梭逝，银丝鬓已稀……”林语堂曾引以为荣地说：“我把一个老式的婚姻变成了美好的爱情。”

哪个女人不愿做心上人的首席女人呢？但你是否知道与时俱进，不做男人压箱底的旧衣服，不做生活中的蹩脚人物，保持自己首席女人的地位呢？要想成为别人心目中的首席女人，先要内外兼修，成就最美好的自己！

Sunny 浪漫心语

◎ 在五彩缤纷的商业社会，“首席”两个字似乎成为脍炙人口的称谓，漫天飞舞，哪个行业都有首席。我顺势联想到“首席女人”这个词，首席女人，就是那个占据着男人内心的重要女人。

◎ 哪个女人不愿做心上人的首席女人呢？要想成为别人心目中的首席女人，先要内外兼修，成就最美好的自己！

找到你的独特味道

夏奈尔（Coco Chanel）的那句“不用香水的女人是没有未来的”，固然让不少女性加强了对香水的钟爱与重视，但无论男女，你是否能从香水的构成中找到自己独特的味道呢？

林清玄在接受《中国青年》采访时曾用香水举过一个非常生动的例子：“百货公司的香水，95%都是水，只有5%不同，那是各家秘方。人也是这样，作为95%的东西其实是很像的，比较起来差别就是其中很关键性的5%，包括人的养成特色、人的快乐痛苦欲望。香精要熬个五年、十年才加到香水里面去的；人也是一样，要经过成长锻炼，才有自己的味道，这种味道是独一无二的。”

正如你闻到花香就联想春天的来临，雨后芳草的气味让你心旷神怡那样，一种气味可以引发记忆的无限联想。生命中有太多的记忆都有嗅觉的参与，或许香水也能为你铭记住某时某刻的美好?

“你身上有她的香水味，是你赐给的自卑，你要的爱太完美，我永远都学不会。”《香水有毒》这首歌性感浪漫，却也伤感妖娆。香水的魔力在于它温柔地占有了你的嗅觉，更是一种耐人寻“味”的沟通方式。化妆品女皇雅诗兰黛曾说：“香水就像爱情，只用一点点是永远不够的。”没有人会以为香水只是一瓶带有香味的液体而已，那是一种将浪漫的梦想逐步沁入身体的自信宣言。香水，或低调或浓烈地传达出一种梦想灵动的凝练，就像是伴随女人成长的一个个炫彩的音符。

回顾香水诞生的历史，在远古时代，人类就开始使用香料改变人体气味，香料作为上层统治者专利的起源已随着历史的流逝而被人们淡忘。〔唐〕白居易“洞房门上挂桑弧，香水盆中浴凤雏”的诗句中曾提及香水。阿拉伯人发明的蒸馏工艺为香水的发展揭开了新的一页，之后十字军的东征又使得法国人发现了香精油的存在，并由此确定了今天法国在香水王国里至高无上的地位。

法国香水工业，可以追溯到19世纪合成产品的出现，20世纪的“美好年代”以几种经典香水的诞生作为标志，1889年诞生的最早香水“姬琪”（Jicky，又名“掌上明珠”），设计灵感来源于19世纪的广口药剂瓶，它的诞生史就是第一款现代香水的诞生史，是一款集科学、技术、浪漫故事于一身的经典创新之作。更令人兴奋的是，这款由娇兰品牌的创始人皮埃尔·弗兰索瓦·帕斯卡（Pierre Fran ois Pascal）先生的儿子艾米·娇兰（Aime Guerlain）创造的香水，和举世闻名的埃菲尔铁塔的落成属于同一年的法国技术创新，艾米尝试在原来花香调的基础上融入一些特别的东方元素。就在埃菲尔铁塔落成的那一年，艾米用他曾经的恋人的名字Jicky命名了这款香水。“Jicky”香水的前味会让你沉浸在温馨甜美的花香中，中味又让你享受着清雅怡人的柠檬香和薰衣草香，接下来更美妙的是在它的尾调将你融入淡然的木质香味和香草香味的怀抱。难怪有人形容“Jicky”香水是在你的鼻尖呈现出一场男性的激情与女性的柔美完美交融的味觉盛宴。“Jicky”香水的诞生，证实了香水的调制不仅仅是一门技艺，更是一门艺术。

“二战”期间，高级时装开始和香水工业结合在一起，例如1921年的N° 5，精美的瓶子表现出的高质量包装，以及多种经典香水的创新产品的诞生，是这一时期的香水标志；“二战”末期，香水消费者的数量大增，尤其是1945年，MOUSTACHE香水的成功研发使得男用香水重新流行，这个潮流伴随着1966年迪奥（Dior）的EAU SAUVAGE香水的成功问世，从此肯定了男用香水的时尚魅力。

香水若按照浓度及持香率来鉴别，有香精、淡香精、淡香水和古龙水之分。香精（Parfum）持续的时间8小时左右，香料的浓度高，持续时间长，通常都是7.5或15ml的包装；淡香精（Eau de Parfum）赋香率可达18%，持续的时间大约5个多小时，价格也比一般的淡香水略高；淡香水

（Eau de toilette），赋香率约为10%左右，持续的时间大约3个多小时，是最常见也是被广泛使用的类型，淡香水的酒精比例相对较高，较容易挥发，适合喜欢清新味道的人，从居家到办公场合都适宜使用；古龙水（Eau de cologne）持续的时间大约2个小时，多半以清爽的柑橘味道居多，很适合在运动和洗澡后使用，也适合男士使用。

“香水的选择是很个人的，选香水也有一点像选老公。慢慢选、慢慢挑，最后挑上一款你满意，很合适你身体并可以在你皮肤上持续很久时间的香水”，杨二车娜姆说：“我在用现在这款已经用了近十年的香水之前，用过几十种牌子的香水，我知道，‘鸦片’这款很适合我，心里定了，以后，总是知道自己要什么。”

香水的使用与保存

香水最别致的特色是它会和每个人的体味相融合，即使同一款香水用在不同人身上的效果也是不一样的，所以在鉴别购买时，不要只闻试香纸，最好在身上试用。试用香水的时间最好选择在上午，因为上午嗅觉比较敏锐，最好不要在吃得很饱或者饥肠饿肚的时候试用香水，因为那时你的嗅觉会迟钝或者有偏颇。

香水的味道一般由前中后三段不同的香调构成，前调持续时间一般在15分钟左右，所以不要刚试用一款香水觉得喜欢就购买，在商场试用后，你可以先去逛逛，等过了大约30分钟，体会完香水的中后调味道后，如果仍确定喜欢这款香水再购买也不迟。

香水的通常使用方法是：先将香水分别喷于左右手腕静脉处，随后轻触双耳后侧、后颈部，停留片刻后，双手手腕可轻触相对应的手肘内侧。注意擦香过程中所有轻触动作都不应有摩擦，否则香料中的有机成分发生化学反应，容易破坏香水的原味。

虽然尽早用完是保存香水的最简单方式，但一般好的香水若好好保存仍然可以有数年的寿命，香水要存放在阴凉的地方，避免暴晒或在高温的地方，否则会使香水色调及香味产生变化。香水的最佳保存温度在10℃到25℃之间，通常可存放一年左右。香水用过后，瓶盖一定要拧紧，以避免香气挥发殆尽，如发现变味或有酸味，就应该丢弃了。

选择香水要注意使用场合，如果是挑选日间工作场合用的香水，清淡怡人的柑橘调、绿香调容易让人产生温和的亲切感，若是晚间的party场合，可选择柑苔调等稍稍浓郁的香型，让你具有独特神秘的味道。

Sunny
浪漫心语

◎ 香水的味道一般由前中后三段不同的香调构成，前调持续时间一般在15分钟左右，所以不要刚试用一款香水觉得喜欢就购买，在商场试用后，你可以先去逛逛，等过了大约30分钟，体会完香水的中后调味道后，如果仍确定喜欢这款香水再购买也不迟。

◎ 试用香水的时间最好选择在上午，因为上午嗅觉比较敏锐，最好不要在吃得很饱或者饥肠饿肚的时候试用香水，因为那时你的嗅觉会迟钝或者有偏颇。

◎ 不要在暴晒的地方抹香水，因为酒精在暴晒下容易在肌肤上留下斑点，此外，强烈的紫外线也会使香水中的有机成分发生化学反应，造成皮肤过敏。

◎ 不要将香水直接喷在饰物上，可先喷香水后再戴首饰。不要把香水喷于浅色的衣物上，以免留下污渍，将香水喷在棉质、丝质的衣服上也容易留下印痕，喷在尼龙等化纤的衣料上不容易留下斑点，但若喷在纯毛衣料上香味会很难消散。

读你，先读名字

古人云：赐子千金，不如教子一艺；教子一艺，不如赐子好名。周国平曾说：“生命本来没有名字，我们降生到世上，有谁是带着名字来的?又有谁是带着头衔、职位、身份、财产等等来的？……每一个人都是一个多么普通又多么独特的生命，原本无名无姓，却到底可歌可泣。”

我们彼此以名字相见，名字也是你个人特质的敲门砖。

美国总统罗斯福是一个交际能手，早年在他还没有被选为总统时，在宴会上，他把自己想认识的一些人的名字打听清楚，然后主动叫他们的名字，那些本来就对罗斯福有敬仰之情的人，看到罗斯福连自己的名字都叫得出来，于是很快就把他当做亲近的朋友，在以后的竞选中，成为罗斯福有力的支持者。

卡耐基曾说："名字是人耳中最甜蜜和最重要的声音。"

好莱坞永远的性感女神玛丽莲·梦露为什么要改掉原来的名字诺玛珍·贝可呢？因为好莱坞的形象专家认为玛丽莲·梦露这个名字比较性感流畅，而且便于向国际推广，现在，谁也不能否认，提起玛丽莲·梦露，是中外公认的浪漫女人的代言人。

作家更是深谙名字与人物特性的关系，英国小说家狄更斯尤其善于命名，他在小说《小气财神》中，把一个视钱如命的老人，命名为"史古基"，后来竟成为英文吝啬鬼的同义词，再谐音成中文，就成了一毛不拔的"铁公鸡"。不过，这个名字可不那么浪漫。

有个做国际旅游的朋友姓吕，名字叫吕行，一个让人联系到浪漫旅行的名字，他恰好非常热爱自己从事的国际旅游事业，他的名字和他的工作可谓是珠联璧合了。

还有的名字非常有趣，能立刻给人留下深刻的印象。比如，一个姓管的女孩子，名字叫"管弦乐"，一个非常浪漫的富有音乐遐想的名字，于是在大学入学典礼上，她的名字很快就被大家记住，不仅很快地与老师和同学们认识，而且还当选了学生会干部。她本人也的确学习过八年的乐器，有很好的音乐素养，真可谓是名副其实了。

名字也是你个人形象的一个识别符号，一个好名字要朗朗上口，让人好说，叫得顺嘴。不要用生僻字。名字若取得恰当，符合人的个性与风格，确实可以先声夺人！

Sunny
浪漫心语

◎ 名字也是浪漫的敲门砖，是你个人形象的一个识别符号。

◎ 名字若取得恰当，符合人的个性与风格，确实可以先声夺人！

氛围，靠你营造

鱼需要水的氛围，才能呼吸生存；

船需要海的氛围，才能抵达彼岸；

花儿需要肥土的氛围，才能茁壮成长；

浪漫需要和谐的氛围，才能创造温馨。

台湾的一家珠宝公司，曾搞了一个新版本的“灰姑娘试穿水晶鞋”，举行了一次双环钻戒的试戴活动。凡是18岁的女性，能顺利戴上钻戒，并且在美感评选中名列前三名的，均可成为钻戒的主人。于是，路过的女人们几乎都被这种浪漫童话的渲染氛围吸引住了，纷纷前往试戴，珠宝店门庭若市。

据说，有一个非常出人意料的求婚是在这样的氛围下搞定的。在电影院里，电影上映一半突然出现黑屏，空中飘落下晶莹多彩的气球，随后音响中奏起克莱德曼《献给爱丽丝》的优美乐曲，而前方大屏幕在粉红色的背景下写着：

王云之印
你，有能力享受当下自己
心中的那份浪漫与和谐。
Sunny王云作品

“马丽，嫁给我好吗？因为我再也找不到像你这样好的女孩了。”在亲友们的掌声和欢呼声中，一位热恋中的男子手捧99朵玫瑰走向不知所措的女友马丽。原来这是一场发生在电影院的求婚场面。一个非常喜欢别出心裁的细心男友，他创新了求婚的氛围，利用电影院这个轻松的适合情侣来的场所，找来亲戚朋友充当观众，把毫不知情的女友感动得泪水涟涟，当场答应了这场意外的求婚。浪漫的氛围的确十分重要呀！

在威廉姆斯姐妹和埃斯皮诺萨·纳瓦罗的女双首轮网球比赛中，观众席发生了有爱的一幕：一男子掏出戒指，单膝跪地向身边的女友求婚，让这场网球赛的场下一片别样的沸腾，在周边观众们赞赏的目光下，女方欣然接受了男友的求婚。

传说墨西哥的一个古老族群，曾有个很有趣的风俗，未婚男女不能行吻礼，少妇要戴全面纱。已婚尚未有子女的夫妻，每当白天分离，晚上碰面时，即使亲朋在场也必须要接吻，就是在热闹的街道上行走，夫妻相见，也必须快速行吻礼，如果夫妻久别后再碰面，就要行长吻礼，如果夫妻相会，不行吻礼，则被认为是爱情破裂了，受到大家的讥讽。看来这约定俗成的吻礼也对保持很好的夫妻关系有帮助，婚姻也需要有意识地营造浪漫氛围。

法国印象派大师莫奈（Claude Monet，1840—1926），在位于巴黎西北76公里的吉维尼小镇里创作了《睡莲》系列名作。中年丧妻的莫奈厌烦了巴黎繁复的社交生活，在1883 年移居到吉维尼，建起了莫奈花园，位于艾普特河和塞纳河的交汇处的吉维尼小镇充满着浪漫的田园气息，古朴而别致的小屋，静谧而玲珑的街道，湿地上长满了睡莲等水生植物，干地上盛开着罂粟花，河岸旁是一列列挺拔的白杨，小镇美妙的田园氛围，带给了莫奈丰富的创作灵感。

吉维尼小镇里的莫奈故居是一座粉红色的房子，有宁静的画室，鲜花妖娆，为了让花园里的花四季永不落幕，莫奈选择花种时费尽了心思，他让他的粉红小屋弥漫在花海中，宛如繁花梦境的城堡。莫奈的花园没有遵循法国式园林讲究对称、几何造型以及规整均衡的人工美，他不会刻意修剪他的花草树木，而是尊重花草们天然生长的形态。不仅如此，莫奈还以东方思维进行思考，以花园为“阳”，另建了一座为“阴”的水花园。1893 年，莫奈又买下邻近的一块土地，挖了一个池塘，引入河水，种植睡莲，并搭建了一座日式的拱形木桥。睡莲池边的花草依然严格按照四季时令和植株高低来种植，池畔的植物，在水边产生叠翠的倒影，营造出水光摇曳的梦幻气氛。

Sunny 浪漫心语

◎ 鱼需要水的氛围，才能呼吸生存；船需要海的氛围，才能抵达彼岸；花儿需要肥土的氛围，才能茁壮成长；浪漫需要和谐的氛围，才能创造温馨。

◎ 在纷繁躁动的都市里，你的心中是否也有一片属于自己的乐土？是否心中也有一个像吉维尼那样的“莫奈花园”呢？

为粽子宽衣解带

每逢端午时节，粽子们是被人们关注的明星，一个枣粽子和一个肉粽子相爱了，可它们并不知道对方到底是什么馅的内心，猜测对方应该是和自己完全一样的成分。

一天，这只枣粽子和肉粽子同时被人买回家放进了冰箱。在冰箱里，它们两个依偎着，各自仍然被粽叶和棕绳紧紧地包裹缠绕着。

枣粽子心想：“我觉得他长得跟我差不多，怎么心里想的跟我完全不一样呢？我有一颗枣红色的心！”

肉粽子心想：“我喜欢她，可就是不知道她是不是跟我一样，也有一颗肉做的心呢？”

两个粽子只是各自心里揣摩着对方，却从没有说出自己的想法，更没有办法向对方展露自己的内心。

端午节那天，男主人把他们从冰箱里拿出来，准备和家人一起吃粽子，他把粽子加热后，先给枣粽子宽衣解带，枣粽子有点害羞惊慌，但还是掩饰不住从江米之身内部透出的枣泥红，这时，肉粽子终于看到了她的真面目，惊叹道：“亲爱的，你怎么不早说呢，原来你的心如此细腻，充满着魅力的枣红色！”

枣粽子腼腆地说：“亲爱的，我不想脱掉粽叶衣呀，我以为你是懂我的！”

过了一会儿，主人又解开肉粽子的棕绳，充满油脂的几块炖肉也在江米之身中隐约溢出，枣粽子闻到一股诱人的肉香，令她陶醉痴迷，她用埋怨的口气对肉粽子说：“亲爱的，原来你的心是肉长的，难怪你老说我不理解你呢，你不说，我怎么知道呢？”

肉粽子：“原来你的内在是如此优雅的枣红心，你怎么不告诉我呢？我最想去的地方，是你的心里呀。”

他们的对话被男主人听到了，主人对他们说：“哎，你们两个这么相爱，怎么这么缺乏沟通呢？你们都穿着粽叶衣，谁知道你心里揣着什么馅儿呀？我对不起你们，但为了让你们能继续在一起，我就不让你们分开被我家人吃了，我让你们一起到我肚子里吧，这样你们就可以全然交融了……”

“麦兜”曾说，有事情是要说出来的，不要等着对方去领悟，因为对方不是你，不知道你想要什么，等到最后只能是伤心和失望，尤其是感情。面对亲密关系，要说出自己心里想的，不活在猜测和等待中；做自己愿意为对方做的，不让行动总是停留在头脑里；和对方共同成长，不让烦恼占用宝贵的时光。

你的爱情往往会在不知不觉中形成自己的惯用模式，容易一次次吸引到你喜欢的那一特质的人，或许对方具有你所没有的一面，或许对方具有你最看重的优点。浪漫，也许是在她哭时你奉上的温存和那温柔的肩膀，或许是那只要一个眼神就能明白对方意思的心有灵犀……这样的默契的确会给感情增添一抹玫瑰色的浪漫，使爱情加倍温馨。但遗憾的是爱情中的双方不一定能百分百的懂得。在美国休斯顿州立大学心理学教授罗兰·米勒看来，正是误解导致了爱人们的苦恼和不满，真正的理解对方还是要建立在良好沟通的基础上。只要你愿意，就能为伴侣着想，为对方做些事，甚至是适当地改变自己。

Sunny 浪漫心语

◎ 我写为粽子宽衣解带这个寓言，说明了表达与沟通在关系中的重要作用。真正的理解对方还要建立在良好沟通的基础上。只要你愿意，就能为对方着想，做些事情，甚至是改变自己。

◎ 萨提亚（Virginia Satir）的冰山理论，隐喻了一个人的“自我”。就像一座冰山一样，通常人们只看见外在行为的冰山一角，但在下面所蕴藏着的情绪、感受、期待与渴望，往往在深入沟通后，双方才能逐渐地体察到。

Chapter 3

活得漂亮，你就精彩

Sunny 浪漫观点

虽说广义的浪漫不受形象的限制，你不属于浪漫型风格也无妨，但是，个人整体形象上的风雅灵动，无疑会让人第一时间领略到你的浪漫风情。这正如Coco Chanel所言："穿着破旧，则人们记住衣服；穿着无瑕，则人们记住衣服里的女人。"

长得漂亮，或许是父母给的，活得漂亮，却是自己可以把握的，那是一种由内而外的印象表达。如果你把内在的自我、容颜体态和言谈举止综合在一起，将发现自己比天生的样子要更有魅力，于是，你对自我的认知，就会有更好的感觉。

你完全没有必要为生来没有一个美颜和好身材而感到痛苦，不管你有多么美丽或英俊，也一定还会有另外一个人，比你的形象更好。只有心妆才能超凡，强调的是外在的得体、恰到好处，重视的是心理素质的自我完善。

形象也是你的个人资产，你的一言一行都会影响资产的增减。要想在芸芸众生中凸显出你独特的自我，不妨学点扬长避短的搭配技巧，塑造你所向往的精彩形象。外在条件永远是你的帮手，只有你才是你自己形象的真正主人！

浪漫风格知多少

先有你的浪漫情怀，再装点你的浪漫形象。英国小说家埃莉诺·格林曾说，有三件事是女子必须注意的：像标枪一样挺直，像蛇一样柔韧，像百合一样骄傲。

据说，女孩子从两周岁就开始进入无休无止的打扮时代了。因此，世界上最畅销的东西就是女人的服装，女人的化妆品和美容品。当然，女人的美是男人所关心的，每个男人都会为女人的美貌而倾倒和叹服。爱打扮的女人最懂男人心。

如果你的形象顾问把你的风格诊断为浪漫型，相信没有一个女人会不高兴吧？女人的骨子里都向往浪漫，更何况有些人还抱怨自己爹妈给的模样为什么就跟浪漫一点不沾边呢。浪漫经常是一个有点奢侈的字眼，又是一种令人向往的幻景。从欧美到亚洲的形象顾问们，都有着各自形象系统对于浪漫的特征描述，因为有些人的外表就会让你联想到浪漫，他们的一颦一笑仿佛就写着浪漫，身材也传递着浪漫，再搭配上演绎浪漫的服饰，就更是锦上添花了。

这里我把女人的浪漫形象大体上分为三种：一种是成熟性感的浪漫型，叫做性感型浪漫，俗称大浪漫；一种是天真少女般的浪漫型，叫做天真型浪漫，俗称小浪漫；一种是温情含蓄的浪漫，叫做温情型浪漫，俗称中浪漫。

性感型浪漫女人的外形：

◎ 亮点：有一双梦幻般的妩媚眼睛。

◎ 面部：轮廓及五官曲线感强，多为圆脸或瓜子脸型。

◎ 身材：丰满、曲线感强、体型圆润、夸张迷人的。

◎ 性格：成熟华丽的、性感风情、有女人味的。

◎ 印象：给人很性感迷人的罗曼蒂克印象。

玛莉莲·梦露是典型的性感型浪漫形象：五官甜美，女人味足，眼神妩媚，行为大胆动人，给人以美感，风情万种。

传说，公元前的埃及艳后克里奥佩特拉（Cleopatra，公元前69—前30年）是西方美容界的鼻祖。她带动了尼罗河两岸的文化与审美的进步，从精巧细致的散发，美容化妆用的第一支碳笔，修饰脸部的白粉，勾画动人双眼的眼线液、眼线笔，到色彩极其丰富的眼影，以及用娇艳的鲜花提纯而成的唇彩无不具备。而且有许多美容产品还是她自己亲自设计的呢。其中她最擅长的是金银粉末和香料的运用。埃及艳后一人就拥有不下几百种香型的香水，她每天要变换造型数次，同时也不断地变换身上的香水香型，以表达不同的心情。魅力四射、令人着迷的埃及艳后，让她的两位丈夫——罗马的首席执政官恺撒和安东尼奥都先后拜倒在她的裙下。

性感型浪漫女性在职场着装时，应注意回避太多曲线成分的性感装扮，以免显得不上品不职业，可采用偏直线型的裁剪但在面料的柔软度和一些局部细节上突出浪漫型的曲线特征。

天真型浪漫女人的外形：

◎ 亮点：有一双梦幻般的迷离眼睛。

◎ 面部：轮廓及五官曲线感强，多为圆脸或瓜子脸型。

◎ 身材：身材不一定丰满，骨架不突出、或许有些小骨感，有精致的小曲线、纤细迷人。

◎ 性格：天真清纯的、俏丽别致、少女般的小女人味的浪漫。

◎ 印象：给人很天真梦幻的罗曼蒂克印象。

比如好莱坞明星秀兰·邓波的天真烂漫面容，性感型的浪漫女人玛莉莲·梦露也能演绎出天真型的浪漫，不愧为风情万种的典范。

欧洲匈牙利民族服饰中，有身着花丛般的少女，无檐帽上有花，短袖衬衫上有花，围裙中间是大花，围裙四周和裙身上是小花。拖鞋的鞋面上也刺绣了花，用花来装扮自己，仿佛全世界的少女都如此天真烂漫！

天真型浪漫女性在职场着装时，应注意回避太多天真梦幻装扮，以免显得不职业，可采用偏直线型的裁剪，或在职业装上采用极小部分迷人浪漫的饰品加以修饰。

温情型浪漫女人的外形：

◎ 亮点：有一双温柔的、神秘的眼睛。

◎ 面部：轮廓不一定特别曲线，但线条柔和、多为鹅蛋形或瓜子脸型。

◎ 身材：身材不一定丰满，或许有些小骨感，有精致的小曲线、纤细。

◎ 性格：柔和的淑女味、含蓄、内敛，甚至有点低调神秘的浪漫。

◎ 印象：给人很温情含蓄的罗曼蒂克印象。

温情型浪漫女人言行举止温情俏皮，比优雅的女人要多几分别致俏皮，比性感型浪漫又多几分神秘，不一定天真，却有一种仙女般的不食人间烟火似的敏感纤细的浪漫。当浪漫气质的蝴蝶结小范围、小面地的运用在温情型女人的装束上时，会出现不少令人惊喜的变化。无论设计造型怎么变化，都能打造出浪漫的感觉。

温情型浪漫女性的职场着装，一般都可以融合到职场氛围中，但在需要表示力度的场合，需要避免过多使用柔和浅淡的粉紫系列色彩，或者用面料挺括和款式上的增加直线感来中和色彩上的浪漫，否则显得缺乏职业力度。

浪漫女人的形象风情万种，男人是否浪漫虽不以貌取人，但从形象顾问的直观经验来说，如果仅从外表来判断，那么浪漫男人的形象也有一定的规律。

浪漫男人的外形：

◎ 亮点：有一双妩媚有神会说话的眼睛，眼神柔和、多情性感。

◎ 面部：脸部五官线条柔和，轮廓不硬直。

◎ 身材：成熟，饱满，不僵硬干瘦。

◎ 性格：成熟，华贵、大气。

◎ 印象：给人以华丽、性感、风度翩翩的感觉。

具有浪漫形象特征的男性，适合质地上乘有光泽但又不过于另类、花哨的华丽服饰，比如：色彩饱满、曲线感纹样的衬衫和领带，做工考究、细节精致的西装等。

Sunny

浪漫心语

◎ 有些人的个人形象风格就是浪漫型，一颦一笑、一举一动仿佛都传递着浪漫，再搭配上演绎浪漫的服饰，就更是锦上添花了。

◎ 浪漫女人形象大体上分为三种：一种是成熟的性感型浪漫，俗称“大浪漫”；一种是少女般的天真型浪漫，俗称“小浪漫”；一种是温情含蓄的温情型浪漫，俗称“中浪漫”。

赫本与梦露无须PK

有人说，这世界上只曾有过两个美丽的女人，一个是赫本，另一个是梦露。这两位巨星的美经久不衰，直到今天仍然被人们津津乐道。英国《太阳报》的调查显示，在女性眼中，过去一个世纪以来最美丽女性是奥黛丽·赫本（Audrey Hepburn），第三是玛丽莲·梦露（Marilyn Monroe）。不知在男性眼中，调查结果又会怎样呢？

其实，赫本和梦露这两个颇具影响力的女人根本无需比较。奥黛丽·赫本，好莱坞最伟大的女演员之一，奥斯卡影后，晚年曾任联合国儿童基金会特使，以冰清玉洁的气质与品位不凡的知性美著称，是经典的人间天使；而玛丽莲·梦露，是永恒的性感女神，她动人的表演风格和正值盛年的陨落，已成为影迷心中永远的性感符号和流行文化的代表性人物。

赫本与梦露，分别演绎了两个永恒经典的极致，她们有着不同的人生轨迹、形象风格、情感经历和人生结局，但却同样备受世人瞩目。

赫本出生在比利时布鲁塞尔，父亲是英国商人，母亲是荷兰籍，因而赫本具有欧洲人的优雅特性和美国人的活力。6岁时父母离婚，于是她跟着母亲在荷兰度过了少女时代。随着“二战”爆发，她与母亲饱受战争的折磨，在饥荒时期，赫本经常靠郁金香球茎以及由烘草做成的绿色面包来充饥，并喝大量的水填饱肚子，虽然如此，赫本并没有放弃她最爱的芭蕾舞，她曾表演芭蕾舞募集捐款、做志愿者、传递情报，用行动为反法西斯战争做过贡献。

赫本在银幕上刻画了一个个充满勇气，却又娇柔、美丽、坚强的女性形象。《罗马假日》中楚楚动人的安妮公主，一头浓黑的短发，表现出天真无邪的浪漫气息，“赫本头”从此成为国际流行发式，据说英格丽·褒曼（Ingrid Bergman）在意大利观看《罗马假日》时，竟发出一声惊叫，褒曼说，她是被奥黛丽·赫本深深感动了；赫本在《窈窕淑女》等影片中塑造了许多不可磨灭的荧屏形象。当赫本穿着纪梵希为她设计的黑色裙装，戴着黑色的长手套和蒂凡尼（Tiffany）珍珠项链，一手拿着咖啡杯，一手捧着羊角包，出现在电影《蒂凡尼的早餐》中时，那款小黑裙也立刻和赫本一道成为无数人眼中的经典。其实赫本也是好莱坞的一个时尚传奇，她是Givenchy品牌创始人纪梵希（Hebert de Givenchy）的设计灵感女神，无论是发型还是衣着，都长期引领了女性的审美潮流。

赫本不仅美在外表，更美在内心。赫本的每一部电影，都少不了她那甜美一笑，她的笑容里有灿烂的阳光，能温暖许多人的心。1988年，她出任联合国儿童基金会的特使，到世界各地贫困和战乱地区访问，并且送去医疗和慰问品，得到了人们广泛的尊敬。赫本用慈善行动实践了她自己的这段格言："若要优美的嘴唇，要说友善的话；若要可爱的眼睛，要看到别人的好处；若要苗条的身材，把你的食物分给饥饿的人；美丽的秀发，在于每天有孩子的手指穿过它；若要优雅的姿态，走路时要记住行人不只你一个。"

赫本在优雅的背后有一种清新玉女般的浪漫气息，这正如她自己的描述："我喜欢修指甲，我喜欢打扮，我喜欢哪怕在闲暇时也涂唇膏穿盛装，我喜欢粉色。我相信快乐的女孩最漂亮。我相信每一天都是新的一天……我相信奇迹。"

提到梦露，人们会立刻和"性感"这个词联系上，梦露在下水道吹风捂着裙子这一动作令无数男性为之倾倒。很多欧美女明星也很崇拜她，玛丽亚·凯莉（Mariah Carey）就曾出一百万美金收藏了梦露曾用过的一架钢琴。而从梦露的经典格言中，也看出了她对爱的独特认知与渴望，她曾说："真命天子是那个轻吻你额头都会带来心悸的人。"可见，梦露不仅外形被形象顾问们作为浪漫性感风格的典型，她还有一颗率真的浪漫之心。

赫本与梦露无须PK。

梦露在出生前，父亲骑着摩托车离家出走，就再也没有回来，因此在梦露的心目中父亲的形象永远模糊。而母亲生下了她，却生而不养……身世坎坷的童年让梦露有颗敏感与不安的心，她曾这样坦诚地剖析了自我："我自私、没有耐心，甚至有点缺乏安全感。我是个容易失控的人，但如果你没办法理解最差的我，你也别想得到最好的我。"

从两人的传记中了解到，赫本似乎更加自信，内心有种坚定的力量，梦露同样有一种内在的执著，却是个拥有美貌而又有些许不自信的女人。她特别重视别人的眼光，非常害怕令周围的人失望，据说她对自己在胶片上的形象非常挑剔，自己的造型只要有一点儿瑕疵，照片就会被废掉。

赫本高贵优雅，梦露性感个性，从内在来看，她们都有不同风格的浪漫心理基因；从外在来看，梦露是典型的性感式浪漫，而赫本则是清纯式的浪漫。有人会视赫本为玉女掌门人，但也欣赏梦露的风情万种；有人会视梦露为性感女神，但也同样欣赏赫本的清纯优雅，各有各的美，两种不同风格的美，依个人的喜好而定，这世上就应该存在着不同的美，这些美都曾在所处的时代里尽情绽放过，也足以珍藏流转供后人视为永恒的经典。

还是我那句话：赫本与梦露无须PK!

Sunny
浪漫心语

◎ 赫本和梦露这两个颇具影响力的女人根本无需比较。一个是经典的人间天使，一个是永恒的性感女神，分别演绎了两个永恒经典的极致。

◎ 赫本高贵优雅，梦露性感单纯，从内在来看，她们都有不同风格的浪漫心理基因，梦露是典型的性感式浪漫，而赫本则是清纯式的浪漫。

◎ 这世上就应该存在着不同的美，这些美都曾在所处的时代里尽情绽放过，也足以珍藏流转供后人视为永恒的经典。还是我那句话：赫本与梦露无须PK!

你的“好色”密码

色彩永远是你浪漫人生的一部分。然而，最适合你的颜色，才是世界上最美的颜色。

俗话说：“远看颜色近看花。”色彩显示你的性格、追求和精神。五彩缤纷的颜色点缀着大千世界，营造着变幻莫测的时尚潮流，那么哪些色彩具有浪漫性格呢？

色彩有色相、明度、纯度三种属性。

色相就是指色彩的容貌。除无彩色的黑、白、灰以外，还有人们熟知的红、橙、黄、绿、青、蓝、紫，都是色相的基本称谓。对于能表现温馨与浪漫感觉的色彩，也许大家都有一定的共识，不外乎粉、红、紫，但演绎的手法，却各有千秋。粉色演绎少女般的天真烂漫，桃粉色天生就是浪漫的颜色，与浪漫的契合不言而喻。最撩人而浪漫的色彩，最易表达浪漫的色彩大都少不了粉色为主的周边色系，有诗云：“去年今日此门中，人面桃花相映红。”红色演绎成熟炽热的浪漫，紫色演绎梦幻神秘的浪漫。

明度也称亮度。它表现了色彩的明暗程度。一般来讲，明度高的浅而亮的颜色比明度低的深而暗的颜色更适合表达浪漫。如彩色中黄色明度最高，表达天真的浪漫；紫色明度则最低，表达性感、成熟、神秘的浪漫。同种色相中也有不同的明度。如粉红色明度较深红色高。在各种颜色中可调入不同比例的白色使明度增高。当明度居中时一种浪漫、朦胧、温和的感觉蕴含其中，比如柔和的粉红色和柔和的淡紫色都是表达浪漫的色彩。粉红色，是红与白混合的色彩，非常明朗而亮丽，是对浪漫的最佳诠释色，粉红色让人联想到春天的花朵、芭蕾和化妆品……给人以女性的温柔、美貌和感伤的印象。浪漫的粉红色在生活中多用在高品质的流行的商品上。《时尚健康》作为“粉红丝带乳腺癌防治运动”在中国的发起者，把由雅诗兰黛集团资深副总裁伊芙琳·兰黛20年前在美国发起的粉红丝带引入中国，唤起了中国女人对乳房健康的关注，粉红色似乎是一种约定俗成的女人的色彩代言。介于橙色和粉红色之间的粉橘色，则是浪漫中带着成熟的色彩。

纯度就是色彩鲜艳的程度，又称色彩的饱和度。黑、白、灰等无彩色是没有色相的色，其纯度也为零。纯度对比是指浓色与淡色之间的对比。利用逐渐降低纯度的方法可产生迟钝、软弱、柔和等有情感的视觉效果。如在纯色中加入灰色，随着色量的增加，纯度降低，色相产生朦胧中庸的效果，纯度低的色彩有成熟的浪漫感觉，但由于欠缺华丽而不太适合浪漫女人，较适合表达男性的忧郁浪漫。

色纯度和明度都较高的色彩为兴奋色，纯度和明度较低的色彩为沉静色。如红、橙、黄色系列常给人以兴奋感，多用于表达动态的浪漫；蓝和蓝绿色系列则给人以沉静感，多用于表达静态的浪漫；华丽色多表达成熟性感、雍容富贵的浪漫，也是通常最适合表达浪漫的颜色，比如金银色，象征着雍容华丽、富有成熟的浪漫；朴素色多用来表达淡雅的田园般的浪漫，但是过于暗、冷的朴素色就有些欠缺浪漫了。

约会的色彩搭配技巧

浪漫的色彩要么柔和、甜蜜，要么性感神秘。在色系图上，以清澈轻快的B色调、柔和甜蜜的P色调、浅淡的VP色调、华丽的V、S色调居多。冰激凌店、蛋糕房的装饰色彩一般都会给你浪漫温馨的感觉。

通常暖色的感觉更浪漫些，但还是要根据你自己的个人色彩适用度来搭配你的服装色彩。一般来说，当异性看到你穿红色时，肾上腺会产生肾上腺素，引起兴奋的情绪，那可能是高兴、害怕或愤怒，观察红色，可引起体温、血压和脉搏的增加，因此，男性看到红唇而感到兴奋，也是天生的色彩视觉反应。在情人节经常少不了浪漫、性感、刺激的红色，红色演绎着强烈而有张力的浪漫。

蓝色则会产生相反的反应。常用于降低食欲的蓝色，可以使脑部分泌11种有镇静作用的荷尔蒙，使受惊吓的心脏病患者的心脏活力增强。深蓝色让你看上去沉稳冷静，亮蓝色与浅蓝色则容易让你显得年轻单纯。

如果你希望引起异性对你的注意，黄色的衣服是你最好的选择。但是黄色仍然对脑部的忧虑中枢产生作用，因此它虽然可以使人激动，但也会令人感到烦躁、忧虑。

紫色是红色和蓝色相等量混合成的色彩，具有行动和温柔的特性，是适合约会的颜色之一，由于妊娠的荷尔蒙作用，女人也喜欢紫色。

如果你穿上粉红色的衣服赴约，将给人温柔浪漫的印象。如果你希望给人以确切的感觉，不要穿米色的衣服。因为它的色彩语言是："不要看我，我不想被人注意。"

约会时，穿与自己气质性格和形象特征最贴切的色系服装，才是最好的选择，倘若一味穿着不适合自己的颜色，即使那个色彩再好，也会浑身不自在，甚至感觉表现出来的形象完全不是你自己了。

比如，开朗活泼的人穿橙色、黄色、红色、艳粉色，文静矜持的人可穿蓝色、紫色、柔粉色等。因为你穿着贴近你个性的颜色，显示的将是你最自然、最不做作的形象，对于你初次约会来讲将是最安全，也是最自然的，不会让你自己感到别扭，从而给你的他/她一个真实自然的自我。

每个人在恋爱中的表现是千姿百态的，很难对每一种爱情形象的色彩一一概括，不管你是哪一种爱情风格，大体上可以将爱情色彩划分为温顺浪漫型和豪爽浪漫型两大类：

温顺浪漫型适合的色彩：柔白色、淡紫色、玫瑰色、淡粉色、紫色、淡蓝色；不适合有强烈冲击力的红、黑、黄色，僵冷的灰色、银色，华丽的或偏暗的色调。

豪爽浪漫型适合的色彩：黑、白、红、黄、橙等纯色调色彩，华丽偏亮的色调，不适合过于优雅、过于清淡、过于天真的色彩，如粉红、嫩黄。

如果你的性格介于温顺和豪爽之间，那么你的爱情色彩就要根据心情和场合选择二者的中间色来装扮。当然，也别忘记结合你的个人色彩适用规律。

约会通常需要浪漫色彩，你准备约会的异性到底是什么类型的呢？

如果对方性格内向，比较羞涩，那么你就穿着富有刺激的紫色衣服，容易让对方振奋一些。

如果对方总是注意力不集中，你最好穿蓝色，浅蓝色的衣服可以唤起对方的注意力。

如果对方满怀心事，你不妨穿大红颜色的衣服，可以鼓舞情绪。

如果对方情绪不稳定，你最好穿绿色的衣服见面，显得平和舒展。

如果对方的工作压力大，你还可以穿绿色或棕色衣服，给人安静之感。

Sunny
浪漫心语

◎ 色彩永远是浪漫的一部分，最撩人而浪漫的色彩，最易表达浪漫感觉的色彩大都少不了粉红色为主的周边色相。

◎ 不管你是哪一种爱情风格，大体上可以将爱情色彩划分为温顺浪漫型和豪爽浪漫型两大类，如果你的性格介于温顺和豪爽之间，那么你的爱情色彩就要根据你的人体色特征、心情和场合选择三者的中间色来装扮。

只有服装是真实的

“衣服是与我们身体最贴近的东西，它完全有力量来代表我们的信仰和价值观，以及我们心中最坚持的事情，我的真正设计灵感就是爱……”“例外”品牌设计师马可对服装的认知表明，服装不仅是为了扮靓，也是传递心灵声音的媒介。

服装，真真切切地被设计出来，不仅能衬托衣服里的人，还是经济变化的晴雨表。

1926年美国经济学家乔治·泰勒（George Taylor）创造了裙摆理论。女人裙子的长度还是经济状况的一个信号，经济的繁荣程度和女性的裙摆长度成反比。经济繁荣时短裙流行，经济衰退期短裙变长。女人通过裙摆的高度来反映她们微妙的生活态度。经济繁荣时，女性乐观性感，有自己的自由主张，愿意用短裙展示自己美好的身材，经济不景气时，男人们工作压力大，女性似乎不需要用短裙来吸引异性，同时，包裹式的长裙能带给她们一些安全感。

但事实上，无论是迷你短裙，还是飘逸长裙，对于不同的女性而言，都各有千秋。短裙如能恰如其分地美化双腿，那无疑会使你显得格外的妩媚迷人；而长裙的柔软悬垂，可以让女人在走动时或在微风吹拂下别有一番神秘的韵味。

有“美国仲裁之父”之称的佐治·泰莱，不仅深谙女性裙摆与股市的变化之道，还看出了男士服装与经济兴衰的端倪：领带销售多寡与经济盛衰成反比，销售高意味经济不振，表明更多男性要身着正装去求职，需要领带的搭配。

美联储前主席艾伦·格林斯潘曾提出过一个男性内裤销量理论，也就是说，在经济形势好的时候，内裤销量会平稳上升，反之在经济萧条时，男性会节俭开支，少买内裤。

世上爱逛街的男人不多，却几乎没有不爱逛街的女人。女人逛街最爱看什么？当然是服装。不去逛怎么能寻找到衣橱里永远少的那件衣服呢？爱逛街的女人似乎天生就对浪漫的服装风格有着敏锐的嗅觉。那么浪漫风格的服装都有哪些特色呢？

服装的浪漫主义风格是将浪漫主义的艺术精神应用在时装设计中，在服装史上，巴洛克和洛可服饰具有浪漫主义的特征。1825年至1850年间的欧洲女装属于典型的浪漫主义风格，这个时期被称为浪漫主义时期。

西方的浪漫主义风格服装主要表现为宽肩，细腰和丰臀。上衣用泡袖、灯笼袖或羊腿来加宽肩部尺寸，紧身胸衣造成丰满的胸部和纤细的腰肢，与圆台型的撑裙，共同塑造成X型的造型线条。面料多为轻而柔软的薄棉布，光亮飘逸的丝绸；粉红色、白色较常用，此外还有黄、浅紫和紫色。在现代时装设计中，浪漫主义风格主要反映为柔和圆转的曲线线条，变化丰富的浅淡色调，轻柔飘逸的薄型面料，以及泡袖、花边、滚边、镶饰、刺绣、褶皱等。

俏皮可爱的圆点，华丽的花卉图案，勾勒曲线的腰带，都是浪漫派时装的表达元素。以花朵为主打的时装绽放着别有风味的浪漫，俏皮的圆点带着些许俏皮的可爱气质，穿在身上有一种怀旧的跳跃感觉。

丰富的蕾丝设计玩转着时装界的浪漫性感，蕾丝内搭看起来好似款款差不多，其实细看之下会发现每款都加入不同细节设计，营造不同浪漫效果。粗带平脚款式的蕾丝胸围大玩怀旧的浪漫，闪光的黑色蕾丝抢眼又性感撩人；粉调的蕾丝则洋溢温情浪漫的飘逸感；奢华高贵的紫色调蕾丝内搭透着女人的成熟浪漫，甜美的糖果色调的蕾丝花边平添几分青春浪漫。

浪漫派的时装，能让你心潮澎湃，仿佛回到了情窦初开的少女时代；能让你感受到成熟性感的女人味；能让你想起甜蜜的恋爱和一切美好的情怀；还能引发你的无限想象，令你惊讶于生活的浪漫；浪漫服装可以装点娇媚温情的淑女，性感率性的少妇，还可能是你身边最俏皮烂漫的女孩……浪漫派时装的精髓就是能唤起你无限的美妙遐想。

温情浪漫的淑女风范表现在纤纤柳腰上，若穿着收腰的时装，再配上合适的腰带，特有女性味，即使再合身的剪裁，如果没有神奇地在腰部那么刻意一收，也展现不出性感女人的浪漫风范。

短打的裙装延续着浪漫派精神，迷你裙于1965年首先出现在法国和英国，只不过法国的迷你裙是白色的，结构严密，而英国的迷你裙则有花边装饰，在臀部处折起。它后来采用所有能够想象得到的材料，甚至用皮革来做，从它诞生的那一天起，它的长度就没有“标准”， 其造型可为紧身型、喇叭型或打褶裙型等。加长或缩短，完全随设计师的意思或顾客的愿望，显得多姿多彩。

仅由极少面料制成、穿上后几乎接近全裸的比基尼（bikini）1946年正式出现，但只允许在封闭的男女分用的游泳俱乐部内使用，它的出现对传统的价值、道德和审美观有很大冲击。直至20世纪末这种比基尼泳装才流行起来，女人穿上比基尼不浪漫也难，性感指数肯定低不了。

进入21世纪，一种将裙摆撑开的蓬蓬裙，开始进入浪漫达人的衣橱。有着丝质的衬里的蓬蓬裙，内里用纱打着层层皱裥，让女性在欢愉的场合自由行走，拉近了都市女性与浪漫田园的距离。穿着蓬蓬裙的女人可以尽情展现天真烂漫，感知自己的身体像花朵一样轻柔地向外绽放，甚至回忆起少女时代内心充满的甜蜜、灵动与幻想……

在奥斯卡颁奖典礼上，有不少女星穿着精致优雅的旗袍，展现出东方美人的浪漫韵味。中式旗袍的装饰工艺，更符合东方人胸部较平、臀位较低、上身较长的体型特点，旗袍传达出东方女人独特的韵律之美。东方风格的浪漫不仅限

时装是你的密友，真真切切地表达着你的身体和灵性。

Sunny王云作品

于中国的花鸟印花、刺绣织锦和盘扣滚边，像东洋风味的和服水袖，以及印度和阿拉伯的传统印花薄纱，都特容易引发出对神秘东方的浪漫遐想……

你会发现，时装是你的密友，真真切切地表达着你的身体和灵性。

Sunny 浪漫心语

◎ 浪漫风格时装的精髓就是能唤起你无限的美妙遐想，也许一个蕾丝花边、一个花朵图案，就会让你惊讶于生活的浪漫。

◎ 无论是迷你短裙，还是飘逸长裙，对于不同的女性而言，都各有千秋。短裙如能恰如其分地美化双腿，那无疑会使你显得格外的妩媚迷人；而长裙的柔软悬垂，可以让女人在走动时或在微风吹拂下别有一番神秘的韵味。

◎ 服装不仅是为了扮靓，也是传递心灵声音的媒介。时装，是你亲密的朋友，真真切切地表达着你的身体和灵性。

让项链与你相恋

谁也不会相信一串项链曾经主宰过一个美丽女人的命运。

在莫泊桑短篇小说《项链》中，出生在小职员家庭又嫁给小职员当太太的女主人公玛蒂尔德，总是梦想要摆脱小资产者的寒碜平庸的生活，置身于所谓上流社会，要过罗曼蒂克式的生活！好不容易得到机会去参加一个体面的晚会，她的美貌让她在会上大受欢迎，却又乐极生悲，丢失了借来的钻石项链。她为了赔偿这串项链度过长达十年之久的苦熬苦省的日子才偿清满身债务，最倒霉的还是她把一串假钻石的项链误作真钻石的来赔偿。

总是梦想着过浪漫和奢华生活的玛蒂尔德夫人遭遇了借项链、失项链、赔项链以及得知项链是假的这一偶然的不幸过程，她的“借、失、赔”都是以一串项链为线索，一串项链竟然捉弄了那个时代一个浪漫女人的命运。真让后人质疑到底是浪漫害人还是项链害人呢?

美国作家谢丽尔·贾维斯曾在《钻石项链》一书中讲述了一个真实的故事。在加利福尼亚州的文图拉，乔奈尔·麦克莱恩在当地一家珠宝店的橱窗中看见了一条无比心仪的钻石项链，但是昂贵的价格让她却步，也让她萌生了大胆的设想，想和另外12个女人一起购买这条项链，于是，13个女人冒险共同购买了一条昂贵的钻石项链。对这条项链的共享，让她们带着魅力的吸引、以意想不到的方式为生活平添了光彩，将钻石这样一个排他独享的物质标志转变成一种包容共享的精神象征，女人们从中体会到了深远的内涵和价值。

项链和女人的浪漫的确有不解之缘，当你与浪漫不期而遇，当你与幻想真实邂逅时，在胸前或颈前佩带上一款独特而美丽的项链，让你自信满满，胸有成“链”，将全身心的浪漫喷薄而出，虽然小巧，却处处流露着品位，动人心弦。

项链是女人最普遍的装饰品，也受到越来越多的时尚男人的青睐。

项链的设计款式多彩多姿，比如法国Julie Paris手工系列是法国设计师Mrs.Chenard Alexandre以女儿Julie的名字作为品牌创作的。大胆渲染出了妩媚到极致的浪漫女人味，Julie的设计以法国宫廷风格为主，洋溢着法兰西特有的那种纯粹的浪漫主义风情。

项链的搭配技巧

项链的种类很多，大致可分为金属项链和珠宝项链两大系列。可以请你的形象顾问为你诊断出属于你的面部量感和身材体质感，佩戴项链应和你自己的体质感和面部量感协调。如大量感的人可以佩戴大一些的项链和挂坠，小量感的人佩戴相应小巧的项链；脖子细长的女人佩戴仿丝链，更显玲珑娇美，或佩带一条刚好围住脖子的比较粗的颈链，让脖子显得圆润丰满些。如果你的脖子短而粗，应选择细长的项链，或者塔形的项链，可以在视觉上增加脖子的长度。

佩戴项链一定要和服装的色、形、材相呼应。通常项链宜和同色、同质地的耳环或手镯搭配佩戴，容易获得最佳效果。当你身穿柔软、飘逸的丝绸衣裙时，可以佩戴精致、细巧的项链，看上去会更加和谐。要让脖子和胸前都达到完美的浪漫和谐，还要掌握好脸形、领形与项链的搭配要点，让你胸前的浪漫更加无懈可击。

法国时装界泰斗安东丽·德阿里奥夫人说：世间所有首饰中与各种服装最相配的，每个女人衣橱中不可缺少的配饰就是一串珍珠。有人说，人生就像那贝壳，每一个贝壳里都有属于自己的那闪光的珍珠，找到你自己当下的闪光点，把那珍珠串起来，串成一条有始有终的项链，便与你自己的人生相恋了。

似乎每个女人的首饰盒里至少会有一串珍珠项链。珍珠是许多女人必备的饰物。不论年纪大小，也无论是穿便服还是晚装，珍珠项链是适用场合最多也最好搭配的项链。你既可以用单串的珍珠装饰领口的区域，体现经典庄重的优雅；也可以尝试长短各异、串数多样的珍珠项链增加浪漫时尚感。戴88厘米左右的珍珠项链适合脖子较细长的女人穿半胸衣裙，脖子较短的女人可戴一串长款的，然后在珠链的中央打个结。珍珠搭配连衣裙、圆领或V领毛衫，都能表达一种内敛的浪漫典雅。

Karen用珍珠饰品的得体修饰，塑造了自己令人难忘的雅致形象。

有着十余年销售经验的她，被同事和客户冠以“珍珠女郎”的绰号，原来，在任何工作场合，Karen总会搭配不同的珍珠项链，日常办公的款式简洁大方，商务晚宴时，则选择华丽尊贵的歌剧院式多缠绕款式，长此以往，Karen就成为给客户印象最深的销售经理。一位女客户曾因Karen持久的服饰搭配品位而选择与她的公司合作，还发自内心地称赞她为“会销售的珍珠女郎”！

Sunny

浪漫心语

◎ 项链和女人的浪漫有着不解之缘，在胸前颈前佩戴上一款独特而美丽的项链，让你自信满满，胸有成"链"，将全身心的浪漫喷薄而出，虽然小巧，却处处流露着品位，动人心弦。

◎ 佩戴项链一定要和服装的色、形、材相呼应。通常项链宜和同色、同质地的耳环或手镯搭配佩戴，容易获得最佳效果。当你身穿柔软、飘逸的丝绸衣裙时，可以佩戴精致、细巧的项链，看上去会更加和谐。要让脖子和胸前都达到完美的浪漫和谐，还要掌握好脸形、领形与项链的搭配要点，让你胸前的浪漫更加无懈可击。

领口对衣服的领导力

提到“领”，你也许会产生其他的联想，不知从何时起，人们开始用“领”将现代都市人归入不同的社会阶层，白领、粉领、蓝领、灰领、金领，还有绿领。《时尚》杂志、《精品购物指南》有报道说，左士光先生提出的“绿领”概念就是融入自然且回归社会的杂“领”，不同于“白领”的通俗、“粉领”的小资、“金领”的清高，最好还具备一些“蓝领”的体魄，“白领”的知识和“金领”的物质基础。有关“领”，无论是形状还是内涵，还真说来话长了！

抛开社会阶层的“领”，说说每天伴随着我们身体的衣领吧。

在18世纪的欧洲，女人若隐若现的展现胸部是一种新的时尚，那时的服装领口开得越低越大越好，当时有很多记载，比如，女人不许裁缝将她双峰遮住。

19世纪的女装领口流行“既要穿衣，又要裸露”的效果，欧洲上层社会的大部分女人更喜欢穿袒胸露背的大开领，裸露某些部位，隐藏其他或许不那么令人满意的部位，希望用这种方法加以弥补，保持性感的形象。身材出众的女性会毫不犹豫地挑选鸡心形的大领口，一个颈部优美的女人会挑选大圆领口，即使胸部扁平也不是缺点，而一个背部平坦的女人，可能会选择在身腰的背部和胸部都开出尖窄狭长的领口。在那个年代，在下级阶层的舞会上看不到露胸的大领口，生活不很富裕的漂亮的女人是不会考虑穿露胸的低领口的，因为那时只有有钱人才能负担得起这类款式的时装。

衣领的选择与搭配

中国的成语“提纲挈领”就涉及对“领子”的重视，领子是一件衣服的灵魂，尤其当你坐下来和别人攀谈的时候，无论男人还是女人，以你的领口为中心的胸前V形区都是对方注目的重点，比如男人最能发挥装饰效果的领带、领结就在领口附近。

脸型与衣领的搭配是一个很奇妙的美学概念，选购服装时，不妨留意领口的大小宽窄比例是否配合自己的脸型。

"V"字领口：V字领有增长脸形的作用。比如，心形脸比较适合，逆三角形脸就不太适合。袒露肩背的大V字领口摩登而随意，宽肩新娘穿大V字领婚纱将展示其肩部的独特魅力，特别适合海滩婚礼。

一字领口：适宜配圆脸或心形脸，可以增加肩位的宽度，柔化过分突出的颚骨。逆三角形脸穿一字领看上去也别有味道。

铲型阔领口：这种领口款式甜美，适合胸部较丰满的女人，适合正式的白日婚礼，配上短手套，构成浪漫的乡村风格。

船形领口：长方形的脸蛋可以穿这种领口，看上去很温柔，很有亲和力；胸小的、有着精制的骨架和修长脖子的女人搭配这种款式的领口会穿出很好的效果。法国人在白天的婚礼中通常会选择小舟形领口的婚纱，搭配玲珑的小耳环或者中等大小的胸针。

高领口：浪漫的小高领有传统且相对保守的感觉，适合骨感的胸部小的女人，宽松型大高领口比传统的高领可以柔化四方形脸的强烈角感，也可以使略显短的颈项看来稍长些。

不对称领口：形状含蓄，富有变化，适合多种脸形，不过，长得严谨对称的古典感觉的脸不要轻易尝试。

叠搭的领口：会让你看起来更时尚，比如"V"配"U"，"一"配"V"。

无肩带抹胸式领口：适合各种风格的女人做内搭，如果是单独穿着，则适合个子偏高、两臂纤细的女人。根据材质的不同，适合的时间场合也不同，比如闪光材质的面料适合出席晚会。

在领口的选择上要考虑到五官比例、脸型、身材、风格、场合几大因素。此外，你还需要恰到好处地搭配饰品作为点睛之笔，让你的胸前浪漫生辉！

Sunny 浪漫心语

◎ 领子是一件衣服的灵魂。无论男女，着装重点却在你的领口胸前的V形区域，比如男人最可以发挥装饰效果的领带、领结就在领口附近。

◎ 脸型与衣领的搭配是一个很奇妙的美学概念，选购服装时，不妨留意领口是否配合自己的脸型。在领口的选择上要考虑到五官比例、脸型、身材、风格、场合几大因素。此外，你还需要恰到好处地搭配饰品作为点睛之笔，让你的胸前浪漫生辉！

丝巾，给你灵动的节奏

丝巾的世界，在方寸之间，可以变换出无数的色彩与图案，可谓是缤纷斑斓，应有尽有。百变神通的丝巾也让你的服装搭配砰然灵动起来，而上品丝巾本身也在诉说着情丝缕缕的内在品格。

女王不戴皇冠时就爱戴爱马仕丝巾？英国邮票上的伊丽莎白二世系的就是爱马仕丝巾。在影片《公主日记》中，皇后向公主推荐的也是爱马仕丝巾。光鲜饱满的色彩、丰富多变的配色一直是爱马仕丝巾经久不衰的原因之一，这与爱马仕惊人复杂而又考究的印染工艺密不可分。那么爱马仕丝巾是如何制成的呢？那绚丽的色彩又是如何形成的呢？

我曾观摩过两位法国里昂丝巾工坊的资深印制大师正给

一款名为“钥匙”的橙色丝巾着色的过程。只见装在来自法国里昂爱马仕色彩厨房的染料桶中的各色染料被逐一倒在丝网上，在每一个颜色的印刷版上通过均匀地扫色，斑斓无比的色彩和图案在丝巾上逐渐完美融合，继而逐层体现出来。

早在1937年，由骑师外套引发灵感的第一条爱马仕丝巾诞生。爱马仕丝巾不是一片片平平滑滑的丝绸，而是有细直纹的丝布，它是把丝线梳好上轴再编织而成，特点是不易起褶皱。有时，为了使丝巾更具特色，会在编织过程中加上暗花图案，如蜂蜜、马等。

爱马仕丝巾，从设计到制作完成，必须经过严谨的七道工序：主题概念至图案定稿、图案刻画、颜色分析及造网、颜色组合、印刷着色、润饰加工、人手收边、品质检查与包装。它以丝网方法印刷，每一种颜色就需要一个不同网点的钢架，一条丝巾最多可用到40种颜色，一定要绝对精确，才能呈现出完美无瑕、层次分明的效果。就这样，每一条丝巾通过层层关卡，需费时18个月才得以诞生。一丝不苟的线条、古典优雅的图案是爱马仕丝巾的一贯风格，一条爱马仕生产的丝巾，就如同一件值得收藏的艺术品，独一无二而魅力四射。

里昂从17世纪以来一直以丝制品闻名，如果一个丝巾有40种色彩，则把40种透明纸叠加，用墨水制作黑白模版效果，精确到微米，叠加后效果是黑白的，用800到900个小时完成，色彩用阿拉伯胶黏合，70%的水加颜料，色彩颜料是爱马仕专有的，丝绸受环境的温度湿度影响，冬天要保持一定温度，夏天要降温，从边框到模版都是里昂传统印制方式，印制的误差小于10微米，着色师都是公司直接培训培养的。

着色师设计色彩需要3个月的时间，一般给总部提供18种设计方案，总部选择2种左右色款，12种配色方案发到世界各地的爱马仕，由各地根据地区顾客的不同喜好调整最终决定。调色师按照设计师的标志，挑选合适的颜料，每种颜色必须用一个特制的钢架，运用丝网印刷原理，把颜色均匀地逐一扫在丝贴上。每一方丝巾需扫上多少种颜料，这要根据设计图的要求而定，一般是12～36种，最高纪录达到40多种。

固定色彩也是一项繁琐的工作，必须经过漂、蒸及晾等程序，色彩才不会脱落。丝网印刷的工序，本可用电脑代替，但爱马仕却坚持手工上色。卷边也不用缝纫机，而是手工缝制，最后，由工艺部以人手卷缝口，折好边后，一方飘逸出众的丝巾，才算完成。

对细节的执著让爱马仕丝巾赢得了人心，但无论你选择什么品牌的丝巾，若能深谙丝巾的内涵和搭配技巧，就会让你体味到这丝丝入扣和画龙点睛的妙处。

丝巾，最妙趣横生的作用就是点缀，丝巾丰富多变的系法可以起到不同的装饰作用，时而能表现你柔美的特质，时而能衬托出你的强烈主张但又不让你显得过于尖锐，帮你增加含蓄的亲和力。

当你的服装看上去单调乏味时，不妨用适合你形象特点的印花丝巾做披肩，增加了女人味的同时你的搭配变得更加丰富而有层次感了。丝巾不论在哪个季节都很适合佩搭，即使和普通的T恤、牛仔裤或者裙子搭配也很有范。复古飘逸的印花丝巾，可以搭配斜肩款的时装或小西装。棉麻大丝巾，不仅可以做披肩来装饰，还可以在略有凉意的天气里充当一件自如的外搭。若想在约会或非正式聚会时稍作修饰，可以将小方巾对角折成三角形，露出搭在肩部的两边角，然后在胸前打一个蝴蝶结，展开花形整理好，把结稍稍隐藏。如果想用一个漂亮的丝巾扣维系，则应选用长条丝巾，远远看去宛若翩翩起舞的花蝴蝶，还能够对领子较低的上装起到巧妙的补充作用。

在选择丝巾的色彩、款式和图案时，要注意面部的色彩适用性、量感比例以及脸型轮廓。丰润的圆形脸，可以将丝巾下垂的部分尽量拉长，强调纵向感，会让脸部轮廓显得消瘦俏丽，避免在颈部重叠围系过分横向的花结。长脸型适合左右展开的横向系法，展现出领部的自然层次感，并减弱脸部较长的感觉。脸的宽度渐渐变窄的倒三角形脸的人，可利用丝巾让颈部充满活跃的质感，带叶的自然花结，让颈部有横向的修饰，平衡了面部的造型。棱角分明的方形脸，适合简洁利落的花结，搭配同样简洁线条的上衣，展现干练而不失柔美的风采。

王云之印
在你心中，必有一份细腻、飘然的柔美。
Sunny王云作

Sunny 浪漫心语

◎ 丝巾，最妙趣横生的作用就是点缀，丝巾丰富多变的系法可以起到不同的装饰作用，时而能表现你柔美的特质，时而能衬托出你的强烈主张但又不让你显得过于尖锐，帮你增加含蓄的亲和力。

◎ 丝巾不论是哪个季节都很适合配搭，在选择丝巾的色彩、款式和图案时，要注意面部的色彩适用性、量感比例以及脸型轮廓。

男人的衣橱永远缺一条领带

男士在穿西装时，有时最抢眼的不是西装本身，而是领带或领结，领带正是男士穿西装的灵魂和点睛之笔，成为商务男士衣橱里出现频率最高的配饰。对于西装件数不多的男士，如果经常更换不同的领带，往往也能给人以日新月异的印象。在正式场合，领带搭配正装，可以彰显玉树临风的男士端正感。但是，象征着男士着装文明的领带，却是由不文明的行为演变而来的。

有关领带的起源莫衷一是，既有保护、功用之说，也有装饰之说。一种传说认为领带是英国妇女发明的。在工业革命前，英国是个很落后的国家，吃肉用手抓，然后大块大块地捧到嘴边去啃。那时候还没有刮胡刀，成年男子又流行络腮胡子，大块肉一啃就把胡子弄油腻了，男人们就用袖子去擦。为了对付男人这种不讲卫生的行为，妇女们在男人的衣领下挂了一块布专供他们擦嘴。久而久之，衣领下面的这块布就成为英国男式上衣传统的附属物。工业革命后，英国发展成为一个发达的资本主义国家，人们对衣食住行都很讲究，挂在衣领下的布就演变成了领带。

另一种传说认为领带始于罗马帝国时代。那时，士兵们脖子上戴着一种类似围巾和领带的东西。直到1668年，领带在法国才开始变为今天这种样式，并发展成为重要的男装配饰。不过，那时候的领带在脖子上要绕两圈，两端随便地耷拉着，而领带下面还有三或四个花结的波形绦带。

可以肯定的是领带起源于欧洲，领带的装饰之说则认为，领带的起源是人们追求美的体现。17世纪中叶，法国军队中一支骑兵凯旋回到巴黎，他们身着威武的制服，脖领上分别系着一条多彩的围巾，骑在马上显得威风凛凛。巴黎的一些爱赶时髦的纨绔子弟看了竞相效仿，也在自己的衣领上系上一条围巾。有一次，路易十四国王看到有位大臣上朝时，在脖领上也系了一条白色围巾，还在前面打了一个漂亮的领结，于是大加赞赏，当众宣布以领结作为高贵的标志，并下令上流人士都要如此打扮。

领带经历了服饰潮流的漫长考验之后，以它独有的品格和个性越来越受男士的推崇。如今，作为男士服饰的重要单品，演绎着商务男士独特而深沉的内心世界。一条做工精美、手感柔和的领带是每一位男性的经典装饰，男人的服装饰品不像女人那样丰富多样，商务男士更换不同的领带，似乎也能体验到一种服饰搭配的乐趣。

领带的品质识别和保养

高品质的领带是杰尼亚（Ermenegildo Zegna）品牌的标志之一。Ermenegildo Zegna的每款领带面料都使用400支或以上的纱线，并混入6股蚕丝制成。为了呈现细节饱满、色彩丰富的印花效果，在设计过程中用多个丝网，并将传统丝绸染料与亚光颜料、金属及漆料染料结合，以达到最佳空间及深度效果。所有领带的印花及染色均在意大利完成，体现了意大利人特有的雕版技术和细致精准的上色工艺。Ermenegildo Zegna 先生曾自豪地称赞他们制作的领带是唯一性的艺术品，尽管被众人竞相模仿，但无法真正与之媲美。

领带品质的优劣，取决于其材料的质地与做工的是否考究。 要打好领带，先要选好领带。选择领带，关键要看其面料、色彩、图案、款式等。

制作领带的高品质面料是真丝。真丝面料的领带色彩润泽、柔和、手感细腻，仿真丝的领带色光发亮、跳眼、手感挺括，涤丝面料手感相对粗糙。 标准合格的领带是由三段拼接而成，总长度为145cm， 表面光洁，花型清晰对称，背面拉缝垂直居中，拼接处的花纹一致，整条领带面料无色差。

从色彩上讲，领带有单色、多色之分。单色领带适用于公务活动和隆重的社交场合，并以蓝色、灰色、黑色、棕色、白色、紫红色最受欢迎。多色领带一般不应超过三种色彩。最常见的斜纹、横条、竖条、圆点、方格图案，适合在正式场合佩戴，一般来说，领带的款式有宽窄之分，这主要受到时尚流行的左右，但选择与自己身体的宽度成比例的领带，搭配起来才会显得和谐。领带还有箭头与平头之别，下端为倒三角形的箭头领带，属传统款式，适用于各种场合。下端为平头的领带，时髦前卫，用于非正式场合。

提到领带的保养有很多讲究和禁忌：领带使用过后，请立即解开领结，并轻轻从结口解下，如果用力拉扯表布及内衬，纤维极易断裂，容易造成永久性的皱折。每次戴完领带后，打开对折平放或用领带架吊起来，并留意放领带的地方是否平滑，以免刮伤精细的真丝面料。领带沾染污垢时，立即干洗，同一条领带戴完一次，请隔几天再戴。开车系上安全带时，不要将领带绑于安全带内，以免时间长了产生皱褶。

Sunny
浪漫心语

◎ 男士在穿西装时，有时最抢眼的不是西装本身，而是领带或领结，领带正是男士穿西装的灵魂和点睛之笔，成为商务男士衣橱里出现频率最高的配饰。对于西装件数不多的男士，如果经常更换不同的领带，往往也能给人以耳目一新的印象。

◎ 领带的高品质面料是真丝。真丝面料的领带色彩润泽、柔和、手感细腻。标准合格的领带是由三段拼接而成，总长度为145cm，表面光洁，花型清晰对称，背面拉缝垂直居中，拼接处的花纹一致.，整条领带面料无色差。

◎ 领带品质的优劣，取决于其材料的质地与做工的是否考究。 要打好领带，先要选好领带。选择领带，关键要看其面料、色彩、图案、款式等。

太阳镜背后有双神秘的眼

喜欢戴太阳镜的人，多半有一颗浪漫的心，当你习惯于躲在自己挑选的镜片色彩后面观察外界时，哪怕是在阴雨连绵的天气，抑或是在凌晨或昏暗的酒吧里，也会将一副太阳镜架在鼻梁上、头顶上 ，让它像饰品一般，仅为了美丽显范儿而已。在深色的墨镜背后，你的眼睛可以更加神秘灵动，别人无法看清你的眼神，而你却可以肆无忌惮地用眼睛观察周围的世界。

太阳镜（墨镜）发明于中国，据12世纪的《归潜志》记载，墨镜是用烟晶制造的，一般只有衙门的官员才能戴，不是为了遮挡刺眼的阳光，而是在听取供词时，不让别人看他的反应。在19世纪的遮阳眼镜镜片是由深色的抛光水晶制成，在世界各地广为流行，相传当时意大利女性人均有三副太阳镜，德国女性人均一副，可以说，在当时那个年代，太阳镜的款式已经开始五花八门了。

产生于20世纪50年代的蝴蝶型眼镜，有一种夸张的美，却因表达一种潜在的情绪变化，而不容易适合大多数人的搭配；20世纪70年代的领航者太阳镜，迄今仍然是美国空军的护眼使者，但是，鼻子过小、鼻梁过低的扁平脸女性，则不适合佩戴大水滴状的镜片款式；而那种圆形超大镜片的太阳镜，镜片几乎遮住了半个脸庞，曾在很长时间内受到前卫性感女性的青睐，而后在时尚风潮中淡出，以幽默眼镜的款式诙谐登场。

太阳镜的选购技巧

一副合格的太阳镜必须能够阻挡紫外线通过，对不同颜色的交通信号具有良好的分辨率，而且正规的太阳镜属于平光镜系列，屈光度严格控制在0.008度以下。屈光度超标，长期戴就会使眼睛感到疲劳，伤害视力。用手拿太阳镜的两角对着日光灯，让镜面的反光条平缓滚动，如果发现镜面反射的日光灯影出现波浪状或者扭曲状，就说明镜片是不平整的，这样的镜面容易损伤视力。

一般来说，黑色、茶色、灰色的滤光效果不错；灰色镜片对任何色谱都能均衡吸收，戴镜后所看到的景物只会变暗而不会有明显色差；茶色镜片能滤除大量蓝光，可以改善视觉对比度和清晰度，也适合在空气污染严重或多雾的天气下佩戴。

美国伊里诺斯州眼盲防治公会认为：太阳镜的最佳颜色为烟灰色和绿色，因为这些色彩能有效吸收有害的太阳射线，把影响颜色的敏感性降至最低限度。戴粉红、黄、橙、红及紫罗兰色的太阳眼镜，会导致眼睛过度疲劳，在强烈太阳光下因疲倦而使视线模糊不清。

除了休闲、娱乐外，如果真的是为防紫外线，最好还是购买雷朋灰、雷朋绿、蓝灰色这些真正有遮阳效果的太阳镜，因为这些相对柔和的色彩，在看大自然时不会变色，对有车一族尤其适合，因为不会影响他们对红绿灯等交通信号的分辨。

太阳镜的色彩要根据自己的肤色、脸形、穿着来搭配，弯弧形的设计，让眼镜更符合脸部轮廓，戴起来比较贴脸。夸张得超出了基本脸型的镜框，挡风镜般的造型给足了人要酷的浪漫理由。

Sunny
浪漫心语

◎ 挑选太阳镜的技巧：一般来说，黑色、茶色、灰色的滤光效果不错，选择太阳眼镜的最佳颜色为烟灰色和绿色，因为这些色彩能有效吸收有害的太阳射线，把影响颜色的敏感性降至最低限度。如果真的是为防紫外线，最好还是购买雷朋灰、雷朋绿、蓝灰色这些真正有遮阳效果的太阳镜，因为这些相对柔和的色彩，在看大自然时不会变色，对有车一族尤其适合。

◎ 太阳镜的色彩要根据自己的肤色、脸形、穿着来搭配，弯弧形的设计，让眼镜更符合脸部轮廓，戴起来比较贴脸。鼻子过小、鼻梁过低的扁平脸女性，则不适合佩戴大水滴状的镜片款式；而那种几乎遮住了半个脸庞的圆形超大镜片太阳镜，曾受到前卫性感女性的青睐，而后则以演绎起幽默诙谐范儿。

天真不能无鞋

“千里之行，始于足下”，这句出自老子的名句一直沿用至今，不言而喻的是现代人要走路，就要穿鞋。鞋子虽然只占人们服饰的很小部分，而且貌似处于不受人注目的最下层，但其作用却非同小可。俗话说“脚下无鞋穷半截”，看一个人的品位，观察一下他脚下的鞋便可略知一二，可见，一双鞋对一个人的重要程度。有关鞋的历史和传说源远流长。

传说在几千年前，由于还没有发明鞋子，人们都只能赤脚走路，不得不忍受脚掌被扎被磨的痛苦。当时有一个国家，大臣们为了取悦国王，就把王宫所有的道路都铺上了牛皮，国王脚踩柔软的牛皮感到很舒服。一天，国王决定巡游全国，可又担心全是碎石子的路把自己的脚给磨破了，于是下令全国的土地都铺上牛皮。此言一出，大臣们惊慌失措地说："陛下，即便是杀光所有的牛，也凑不到足够的牛皮来铺满全国的地啊！如果真把全国的牛都杀了，老百姓还拿什么来耕地呢？"这时，一名聪明的大臣站了起来说："尊敬的陛下，与其把全国的土地铺上牛皮，还不如用牛皮将您的脚包起来，再用一条绳子捆紧。这样一来，无论您走到哪儿都会像踩在牛皮地毯上一样舒服了。"国王大喜，下令让百姓都用牛皮包住双脚，于是，人们再也不为磨破划伤双脚而烦恼了。

在古希腊罗马时代，人们已有穿鞋的习惯，到了中世纪时，流行尖头鞋、尖嘴鞋，鞋尖越长则显示穿着者的身份地位越高。有些人为了炫耀自己的身份地位，将鞋尖不断拉长，结果走路变得十分困难。

文艺复兴时期，男性流行穿方头鞋，女性流行穿高底鞋，甚至出现过鞋底高达18英寸（约46cm）的鞋，穿这种鞋走路，往往需要别人搀扶。后来一位不知名的意大利设计师改良了平坦而笨重的高底鞋，发明了高跟鞋。起源于意大利的高跟鞋，后来才传到法国和欧洲其他地方。

另有传说15世纪时，威尼斯有个商人，外出时害怕漂亮的妻子行为不端，就给妻子定做了一双后跟很高的鞋，以防止妻子外出。因为威尼斯是座水城，船是主要的交通工具，商人认为妻子穿上高跟鞋将无法在跳板上行走，这样就可以把她困在家里。岂料，他的妻子穿上这双鞋子，感到十分有趣，就让佣人陪着她走街串巷，到处游玩，高跟鞋使她更加婀娜多姿，人们觉得她的鞋很美，争相效仿，于是高跟鞋便很快地盛行起来。

17世纪中期，男女都穿高跟鞋，鞋上还有缎带和蔷薇花的造型装饰。高跟鞋似乎让男性感到高大自信。传说当时路易十四苦于自己身材矮小，不能在臣民面前充分显示他高贵的气度，就吩咐手下人为他定制了一双高跟鞋。此后法国贵族男女们纷纷仿效，并很快传遍全国乃至欧洲大陆。

鞋在中国古代称为履，古代有“郑人买履”“削足适履”的典故。清朝末期，国外的皮鞋传入中国，并从20世纪二三十年代开始在中国的大城市流行起来，被看做是时尚新生活的标志之一。

鞋跟的发明促成了最戏剧性的时装变化，在历史流行趋势的推动下，鞋子从平跟、低跟、高跟的轮回，伴随着尖头、圆头、方头款式的辗转交错变换，已成为个人形象中不可忽视的品质单品。

从视觉效果来看，人们都知道的“黄金分割”比例，也适用于鞋跟的计算上。意大利数学家菲波那契调查了大量的人体数据后得出结论:人从头顶至脐至脚底之比，约为0.618，这是最协调最美的黄金分割比例。德国数学家阿道夫·采辛说：“宇宙万物，凡是符合黄金分割律的总是美的形体。”其实，如果严格按照黄金分割的比例要求，不论男女，绝大多数普通人的下半身比理想数字短3～6厘米，似乎有点美中不足。穿高跟鞋可以增加人体下半身的高度，这就是高跟鞋使女人的形体更加婀娜的奥秘。高跟鞋使一个女人完全地动了起来，成为一道婀娜多姿的移动风景。难怪梦露曾经赞叹说："我不知道是谁发明了高跟鞋，但全世界的女生都应该感谢他。"

而对于日益重视搭配打扮的现代人来讲，穿上一双光可鉴人、样式优美的鞋子，也是一种礼仪。我曾写过一篇名为"鞋和包的心里话"的寓言，讲述了鞋子受到不爱惜鞋的主人摧残后的抱怨。人都爱以美容修饰岁月的痕迹，而皮鞋为什么不能有美容的权利呢？善待你的鞋吧！

皮鞋的选购与保养

选购鞋子一定要试穿，不要用之前买鞋的尺寸去推论，脚的尺寸是会变的。不要被鞋的尺码迷惑，不论是英国、欧陆或美国尺码的大小都会受制鞋厂家的标准与设计所影响，最好还是多试穿几个邻近的尺寸。买鞋，最好选择在下午3点之后或晚上，因为人脚会略微膨胀，这时试鞋选购会更容易合脚舒适。

试穿时，穿着鞋走一走，一方面让新鞋的皮革纤维较具弹性，另一方面也可试出是否有不易察觉的不舒服感。试鞋时最好带自己的袜子，活动脚趾看能否碰到鞋的前壁。新鞋穿久后，可能会稍微增加宽度与厚度，但一般不会增加长度，所以不要指望鞋子穿久后变长。太短的鞋子往往会撞疼脚趾头与指甲，无法正常穿着。要知道那双鞋是不是你的菜，也需要一双慧眼和科学的试穿呀！

皮鞋，一般三四天就要上次油，脱下不穿时，尽量在里面放上鞋撑，这样可以保持鞋不变形，如果没有鞋撑，也可以塞上几团纸；请勿连续两天穿同一双鞋。再次穿之前至少让鞋休息一天，平时尽量做到让鞋轮流“倒班”，这样才能延长鞋的寿命；如果一段时间不穿的鞋，请涂上一薄层鞋油，放入随鞋赠送的布袋，并将其鞋底朝下放入盒中。换季的皮鞋要及时清除污垢、污泥和尘土。然后均匀打上鞋油。收藏时鞋油也不能涂得太多，因为鞋油有一定的挥发性和干燥性，涂得过多，存放的时间一长，反而造成皮面干裂。当一双皮鞋陪伴你走过三年春秋，依然令你足下生辉时，那就是皮鞋保养的功劳了。

王云之印
天真岂能无鞋，小猫也爱美足。
Sunny王云作品

Sunny 浪漫心语

◎ 我曾写过一篇名为"鞋和包的心里话"的寓言，讲述了鞋子受到不爱惜鞋的主人摧残后的抱怨，人都爱以美容修饰岁月的痕迹，而皮鞋为什么不能有美容的权利呢？善待你的鞋吧！

◎ 鞋跟的发明促成了最戏剧性的时装变化，在历史流行趋势的推动下，鞋子从平跟、低跟、高跟的轮回，伴随着尖头、圆头、方头款式的辗转交错变换，已成为个人形象中不可忽视的品质单品。

◎ 如果严格按照黄金分割的比例要求，不论男女，绝大多数普通人的下半身比理想数字短3～6厘米，似乎有点美中不足，高跟鞋的发明增加了人体下半身的高度，这也是高跟鞋使女人的形体更加婀娜的奥秘。

情侣装，搭配出浪漫

人生处处有搭配，浪漫的搭配无处不在。服饰的搭配是最普遍的，你衣橱里每个单品都是你百变搭配的胶囊元素。新衣和旧衣的搭配，上衣和下衣的搭配，单色与花色的搭配，服装和首饰的搭配。一件原本看上去不很浪漫的直线条单品，由于巧妙的搭配可以塑造出浪漫的着装语言，搭配简直可以永无止境。

最体现浪漫搭配的服装非情侣装莫属了。有的人时常抱怨伴侣不会穿衣服，缺少时尚的浪漫细胞。其实，一个人不一定身上每一处都布满了浪漫因子，只需有一点点搭配元素就可以令人感受到浪漫。浪漫也需要搭配！

搭配的概念可不仅仅体现在服装款式上，还能够彰显一对情侣的内在个性。两个都有浪漫色彩的人固然是锦上添花的搭配；一个木讷现实的人和一个浪漫的人搭配会更突出浪漫的情怀；老成持重搭配天真烂漫，则更突出烂漫无边的个性；两个细水长流型的踏实人在一起或两个外形非常登对的情侣搭配看上去是一种和谐；而一高一矮、一胖一瘦的情侣搭配起来也有一种戏剧化的浪漫。

没有不好的衣服，只有不美的搭配；没有不浪漫的女人和男人，只有不和谐的内在搭配。

情侣装搭配技巧

深情款款的情侣装，是提升浪漫浓度的绝妙搭配。情侣装绝不是别人提供的硬性搭配或简单的组合复制，而是一种享受甜蜜的浪漫搭配过程。习近平主席与夫人彭丽媛出访时的服饰，展现了互补呼应的搭配特色，被网友们称赞为“最和谐的情侣装”。

情侣装的搭配招数大体有这些：用面料一致、款式一致、色彩各异的服饰由你自行组合；用同色调或对比色调或索性直接把相同的色彩元素穿插其中，用色彩宣布你们浪漫的爱情；用一个和谐的图案或只是一对风格一致的项链、戒指等饰品，就足以让你和他体味到爱带来的浪漫心情。

青春浪漫型搭配可以是轻便利落的牛仔裤或是休闲的下

装配上运动的T恤，显现出非同一般的热力，比如选择流行元素之条纹来互相映衬，清新的竖条纹衬衫，同款不同色调的围巾等；性感浪漫型搭配可以是明朗色彩、外观类似比基尼款的胸衣内搭，搭配贴身轮廓的外衣，中性中流露出让人爱意丛生的阴柔；优雅浪漫型搭配可以是一件大气的毛衫、质感厚实的衬衫，配合正装的西服、领带，浪漫搭配在细微之处无处不在。

位于地中海的西班牙民族舞的造型浪漫非凡。热情奔放的佛拉门戈舞，女舞伴穿黑色的紧身吊带背心，裙子是富有曲线的多层塔身结构，由蓝、白、橘、红多种色彩组成；男舞伴穿短夹克、精致的绣花背心、长裤。两人肩上的围巾用同样多彩的图案搭配，构成男女对舞的一条纽带，也是情侣舞装相呼应的一大浪漫元素。

情侣装注重对细节的修饰，如配饰、包包、手表、鞋袜等，讲究细节元素的互补创意，比如：选择外衣的颜色相同或相近，衬衣和毛衣的颜色一致，丝巾和领带的颜色相同或呼应，裙子的条纹和衬衣的条纹一致，都可以起到非常出彩的搭配效果。

王云之印
我们是不同的生命个体，你中有我，
我中有你，衣的呼应，心的和谐。
Sunny王云作品

Sunny
浪漫心语

◎ 一个人不一定身上每一处都布满了浪漫因子，只需有一点点搭配元素就可以令人感受到浪漫。浪漫也需要搭配！

◎ 没有不好的衣服，只有不美的搭配；没有不浪漫的女人和男人，只有不和谐的内在搭配。衣的呼应，心的和谐。

◎ 情侣装的搭配技巧：用面料一致、款式一致、色彩各异的服饰由你自行组合；用同色调或对比色调或索性直接把相同的色彩元素穿插其中，用色彩宣布你们浪漫的爱情；用一个和谐的图案或只是一对风格一致的项链、戒指等饰品，就足以让你和他体味到爱带来的浪漫心情。

时尚达人：别和潮流马拉松

Coco Chanel说：“变的是我，而非时尚，时尚的是我。”可见，时尚不只是一种潮流、一种风格，还是你众多美好生活方式和态度的展示。时尚就是享受生活！时尚达人，别和潮流马拉松！

你“IN”吗？还是已经“OUT”？往往就用这么简单的几个字母告诉你是否被流行淘汰出局。爱流行、爱美的人，多半也都是爱浪漫的，因为浪漫也需要敏锐的嗅觉和细腻的感受。流行和时尚还有不同，流行更讲究速度和变化，时尚在速度上比较宽容，是一种百感交集的生活方式。

流行是按一定节奏、以一定周期，在一定地区或全球范围内，在不同层次、阶层和阶级的人群中广泛传播起来的文化，新奇而短暂，比如年年有不同的流行色和时装流行款式。

在时装流行的开始期，也叫花蕾期，走在前沿的时装设计师发布了最IN的时装款式，通常是非常极端前卫夸张的Style，由Fashion的领导者，如模特、明星、名流等来演绎穿着。在流行的上升期，也叫花放期，制造商们将一些过于前卫夸张的秀场时装经过修改，使时装的款式能够适应大众生活的需要，New Arrival意味着当季新款产品价格不打折扣的昂贵，大众时尚杂志也纷纷提早介绍应季的最IN时装，时尚达人们开始追逐流行。当流行到达最时髦的高峰期时，也叫花红期，那些最IN的款式被大规模地复制出售，质量和价格都在下降，引领流行的人们开始寻找新的流行，流行的追随者们纷纷购买，市场达到了畅销顶峰。在季末或年末通常开始走向下降期，也叫花败期，时髦的追随者们也逐渐厌倦了，于是原来的“IN”彻底变成了新一季的“OUT”；又开始了新一轮的流行周期……

时装大师迪奥（Dior）说：“流行是按一种愿望展开的，当你对它厌倦时就会去改变它，厌倦会使你很快抛弃先前曾十分喜爱的东西。”但谈到时尚，Coco Chanel则说：“时尚不仅限于衣妆，同样涉及理念……与你的思想、你的生活相连，与我们身边发生的一切相连。”

时尚源于内在，先了解自己，再妆点自己！这正如福楼拜（Gustave Flaubert）所说：“时尚乃是生命，是思想的生命之源。”

当时尚是一种推陈出新的生活理念时，不仅意味着浪漫与格调，更蕴涵了场景与氛围。时尚，是一种享受生活的态度——适度的奔放，内敛的从容。很多时尚中人不是有浪漫形象就是有浪漫情怀，要不就是会欣赏、捕捉浪漫的人。

看来，浪漫和时尚一直就有不解之缘。浪漫有水一般的性格，时尚也有这样的特质，诗人汪国真在他的《永恒的心》里写道："岁月如水，流到什么地方，就有什么样的时尚。"

浪漫跟时尚有很多共性，比如，都不仅仅看外在，都有很多的因素可以衡量。时尚不光是外在的表现，还是与生俱来的固有风范和享受生活的态度，而不只是华丽的流行外衣；浪漫亦是如此，有浪漫形象的人或许很浪漫，但没有浪漫外表的人也可能有浪漫的情怀和行动。

浪漫的人不一定时尚，时尚的人也不一定都浪漫，但大多数浪漫的人，都有热爱时尚的基因或者在不经意间与时尚不谋而合。大多数时尚的人也都会敏锐地在第一时间里感受到浪漫。

时尚的内容包罗万象，20世纪60年代之前的时装之都巴黎的高级时装所表达的是一种时尚。比如环保是当今时尚的主题之一，人们购买有机面料服装，很大一部分原因是追捧环保时尚概念。还有追求环保和绿色生活方式的乐活族（LOHAS），在美国和欧洲四分之一以上的人群中风行。乐活就是爱自己、爱家人、爱地球，追求节能、环保和高科技的自然温和的生活方式，无论是低碳环保，还是心灵瑜伽，乐活都给生活增添了不少生机盎然的绿意。

据说，好莱坞帅哥布拉德·彼特（Brad Pitt）放弃了原来的那辆三气门黑色奔驰运动型多功能车，换了一辆环保的丰田油电混合动力车普瑞斯。美国作家科林·比万夫妇的生活回到了19世纪，他们不用电，不乘坐电梯，所有的食品都尽量自己DIY，他们的目标是通过自己小家的实践去适应一种时尚生活方式。住在纽约市中心，却不产生环境破坏，这不也是一种返璞归真的浪漫吗？

时尚的内涵在于不刻意地追赶潮流，却能坚持适合自己的风格，与时俱进，创意主张。你能做到吗？

Sunny 浪漫心语

◎ 很多时尚达人不是有浪漫装束就是有浪漫情怀，要不就是会欣赏浪漫、捕捉浪漫的人。

◎ 浪漫的人不一定时尚，时尚的人也不一定都浪漫，但大多数浪漫的人，都有时尚的基因，大多数时尚的人也都会敏锐地在第一时间里感受到浪漫。

◎ 时尚的内涵在于不刻意地追赶潮流，却能坚持适合自己的风格，与时俱进，创意主张。你能做到吗？

Chapter 4

忙里偷闲，转身绽放

Sunny
浪漫观点

“压”的繁体字是“壓”，上面的“厭”是“厌”的繁体字，说明你做不喜欢的事才觉得有压力。做喜欢的事，感到的不是压力而是动力。

忙碌的生活，让人们容易身心疲惫，失去自我，世俗的琐事、工作的压力难免让人不堪重负，但是如果能在繁杂的生活中，摘掉伪饰，卸下心灵的重担，少一些苛责，多几分理解，少一些钻营，多几分超然豁达，那么我们的心灵就能有几分宽松的空间，才可能拥有一片天马行空的蓝天，拥有清风明月般的胸怀。

这正如海德格尔所说：“人诗意地栖居于世上之时，静静地听着风声也能体味到真正的快乐。”

压力面前，浪漫有招，若能主动停下来，放松一下，给自己一个想象的空间，让心灵得到闲适的滋养，你将会获得更充沛的能量。

你是浪漫的光

平日里，没有人会注意，光与光将如何遇见，又如何沟通呢？但作家王朔在《梦想照进现实》中一语道破：“光和光怎么打招呼知道吗？最黑的地方见。”这让人不禁赞叹“光”的勇敢与无畏，克里希那穆提（Jiddu Krishnamurti）说：“有没有一种喜悦是不依赖任何东西的？有没有一种光是不需要别人来点燃的？”这让人联想到现实生活中，那些像光一样勇于开拓、不畏艰辛的人。

英国著名科学家焦耳，从小就很喜爱物理，他常常自己动手做一些关于电、热之类的实验。有一年放假，焦耳和哥哥一起到郊外旅游。好学的他就是在玩耍的时候，也没有忘记做他的物理实验。他和哥哥划着船，来到了群山环绕的湖上，焦耳想在这里试一试回声有多大。他们在火枪里塞满了火药，然后扣动扳机。谁知“砰”的一声，从枪口里喷出一条长长的火苗，烧光了焦耳的眉毛，还险些把哥哥吓得掉进湖里。这时，天空浓云密布，电闪雷鸣，刚想上岸躲雨的焦耳发现，每次闪电过后好一阵子才能听见轰鸣的雷声，这是怎么回事呢？焦耳顾不得躲雨，拉着哥哥爬上一个山头，用怀表认真记录下每次闪电到雷鸣之间相隔的时间。开学后，焦耳迫不及待地向老师请教。老师用欣赏的目光望着焦耳，耐心地讲解说："光和声的传播速度是不一样的，光速快而声速慢，所以人们总是先见闪电再听到雷声，而实际上闪电雷鸣是同时发生的。"焦耳听了恍然大悟。从此，他对学习科学知识更加入迷。通过不断地学习和认真地观察计算，他终于发现了能量守恒定律，成为一名出色的科学家。

如果说光和光很难相见，它们没有放弃希望，在黑暗中交相辉映，那么，钢材大亨特纳，就是把梦想和希望交给自己的人。

19世纪初，美国一座偏远的小镇里有一个显赫的富商之家，富商有个19岁的儿子叫伯杰。一天晚餐后，伯杰在窗边赏月。突然，他发现街灯下站着一个和他年龄相仿却穿着破衣烂衫的年轻人，伯杰问那青年为何长时间地站在那里，青年踌躇满志地对伯杰说："我有一个梦想，就是自己拥有一座宁静的公寓，晚饭后能像你一样站在窗前欣赏美妙的月色，可是这些对我来说好像有点遥不可及。"伯杰说："请你告诉我，离你最近的梦想是什么？"那青年回答说，他现在的愿望，就是能够躺在一张宽敞的床上舒服地睡一觉。伯杰拍了拍他的肩膀说："朋友，今天晚上我可以让你梦想成真。"于是，伯杰把他带到自己的高档公寓，并让那青年睡在自己的床上。

第二天清晨，伯杰轻轻推开自己卧室的门，却发现床上的一切都整整齐齐，像是没有人睡过。伯杰疑惑地走到花园里，他发现那个青年人正躺在花园的一条长椅上甜甜地睡着。伯杰问他为什么没有睡在他的卧室里，青年笑笑说："你给我这些已经足够了，感恩……"说完，青年头也不回地走了。

30年后的一天，伯杰突然收到一个精致的请柬，一位自称是他"30年前的朋友"的男士邀请他参加一个海边度假区的落成庆典。在那里，他听到了庄园主的即兴发言："今天，我首先感谢的是在我成功的路上，第一个帮助过我的人，他就是这位30年前的朋友伯杰……"说完，他在众人的掌声中，径直走到伯杰面前，并紧紧地拥抱他。此时，伯杰才恍然大悟，原来，眼前这位赫赫有名的钢材大亨特纳，就是30年前那位贫困的青年。酒会上，特纳真挚地对伯杰说："当你把我带进你的卧室时，我真不敢相信梦想就在眼前。但那一瞬间，我突然感悟到，那张床不属于我，这样得来的梦想是短暂的。我要把梦想交给自己，去寻找真正属于自己的那张床！现在我终于找到了。"

德国总理默克尔（Angela Merkel）曾说："至少在最重要的事情上，能够拥有不断进行微小尝试的勇气，以及承受生命中艰难时光的力量与慰藉。”面对人生的低谷和黑夜，你是否能用闪烁的心灵为自己和别人点燃希望之光，勇敢地渡过难关，迎接黎明日出的到来呢？

Sunny 浪漫心语

◎ 平日里，没有人会注意，光与光将如何遇见，又如何沟通呢？但作家王朔在《梦想照进现实》中一语道破：“光和光怎么打招呼知道吗？最黑的地方见。”这让人不禁赞叹“光”的勇敢与无畏，也联想到现实生活中，那些像光一样勇于开拓、不畏艰辛的人。

◎ 面对人生的低谷和黑夜，你是否能用闪烁的心灵为自己和别人点燃希望之光，勇敢地渡过难关，迎接黎明日出的到来呢？

不刻意的自在

“如果你是鱼不要迷恋天空；如果你是鸟不要痴情海洋”，汪国真的这句诗告诉人们，不要刻意去奢望那些与你南辕北辙的目标。只有不刻意了，你才能自在，甚至可以挖掘出无趣中的有趣，体验一种浪漫的生活智慧。

忙碌的都市生活，让人像忙碌的蚂蚁，急速穿梭在钢筋混凝土的构架中，年复一年，日复一日，你是否停下来，倾听你内心的呼声，用心灵的视角来感受自己的生涯、生命、生活，找回那些被繁忙生活磨去的美好呢？

富裕的日子勤俭着过，艰苦的日子乐观着过，紧张的日子放松着过，热闹的日子冷静着过，寂寞的日子可以享受着过。那么休闲的时间，你会如何度过呢？你最经常的娱乐方式是什么呢？你喜欢做什么？你的天赋在哪里？什么对你最重要？

欢乐时光的装扮技巧

无论你的娱乐方式是静态的活动多，如品茶、看书、弹琴、唱歌、看电影，还是动态的多，如蹦迪斯科、登山、打网球等，非刻意的自然装束都是你的娱乐宗旨。

娱乐也分为休闲娱乐和运动娱乐。

比如聚会就分为晚宴、冷餐、正式、非正式，或者特殊标注的“盛装晚宴”等十几种，这还不算按照时间和参加对象进行的分类。严谨的形象礼仪规则的复杂性超乎你的想象。

悠闲的假期当然少不了最纯粹的色彩，有如蔚蓝海岸的蓝色、田园的绿色以及各种大自然的花朵色彩都可以跳跃在身上，休闲服装所要表达的就是这种快乐的度假风格。

非刻意的运动休闲服饰有时可以解放你穿着的清规戒律。

运动服饰的最佳颜色是海军蓝、白色、栗色、土黄和米色。更艳丽的颜色也能被人接受，还可能带来不错的赞誉，不过你至少也必须使它们和谐统一。

高尔夫球装在某种程度意味着身份品位，对品质的要求非常高，质地和款式都要上乘，轻、薄、舒适成为选择的关键。与商业伙伴打高尔夫球，就尽量选择朴素的球服；要是个人娱乐，可以选择个性鲜明的、颜色鲜亮的球服。没有商业规则压力的穿着更可以随心所欲，穿出心情。

最为标准的网球装由白色短裤、白色带领针织衫、白色长袜及白色胶底帆布网球鞋组成。在网球场外短裤就换成白色帆布长裤，这是一组比较讲究的搭配。现在的网球场合也没有那么多刻意的要求，如果你选择任何一种单色短裤和任何一种T恤都是可以被接受的。

几乎所有的滑雪装都是用鲜艳的尼龙面料做成的，配上休闲、个性的款式在洁白天地中魅力尽显。内衣最好不是纯棉的，应该用内层有一层单向芯吸效应的化纤材料，本身不吸水，外层是棉制品，可将汗液吸附在棉制品上，这样就不会使热量散失，可以保暖，还可以贴身先穿一件网眼背心，然后外面再套上一件弹力背心。

骑马装在西方社会往往成为上等阶层的象征，而且是一种完全被人们欢迎的运动服饰。安全盔、燕尾服、马裤、马靴和英式的鞍具组合成了完美的马上绅士，如果你欣赏美式的牛仔风格，那么可以穿上牛仔帽、牛仔靴，一展西部风情。

Smart Casual早在20世纪90年代初就已存在，现在更是风头正劲，是一种介乎于正装和休闲装之间的时尚特色服装，一种可以让你在场合中游刃有余的搭配。推崇简单时尚的精髓，走到任何场合，都不会引起敌意，会给人留下深刻的美好印象。Smart Casual的穿着是非刻意的，没有卖弄风骚，没有做作的拿捏姿态，随意而不随便，既讲究平实自然的着装规律，又能够在服饰上增加些许的设计时尚特色，表达着一种不轻易否定或接受、不卑不亢的冷静态度。

简单的款式、简单的色彩可以搭配不同质地的面料，使你的着装能在休闲中透露出专业的气质。最基本元素有时能搭配出多种不同的感觉，携带可以快速替换的配饰，能让你轻松地转换白天工作和晚上外出的不同形象。可以根据工作性质、场合来调整服饰的休闲程度。

浪漫时光的心理准备

提到娱乐休闲的装扮，就必须搭配一颗开放而宽广的心灵，才能真正获得自在的释放。

即使你满身武装着奢侈品，身处在世界最美的景观，如果你的心隐隐作痛，或者处于焦虑的状态，那么此时的你也并不能享受这浪漫的旅行。相反的情况是，即使你处在最糟糕的地点，但是你的心情若能感到愉悦满足，还是能创造快乐的惊喜。

大自然从来都不刻意，花儿没有刻意地要开，草儿没

在蓝天白云、芳草清风中，享受不刻意的自在。

Sunny王云作品

有刻意地生长，鱼儿也没有刻意地去游，鸟儿也没有刻意去飞，但它们却都能自在地绽放、游动、飞翔；当你心无旁骛地享受当下的自在时，那么在你专注的眼睛里，大自然是奇妙的，世界是精彩的，生命是欢愉的，沉默是唯美的，情怀是无法言表的喜悦。

其实，浪漫不一定都需要通过特定的时间和环境来制造。王文华先生曾说，搞浪漫，就像在菜里多放辣椒，辣椒多了，掩盖了鲜食的原味，或是食物坏了也吃不出来。更糟的是辣椒多了，嘴辣麻了，碰到原味的美食，就不容易体会出来。

返璞归真是最浪漫的招术，却经常被人们淡忘，非刻意的浪漫是不一定要在情人节等商业气氛的喧嚣场合和其他情侣挤，回到温馨的家，让世界自然缩小到二人世界也很浪漫。一位中年男士，曾在情人节用菜花与其他蔬果搭配，给太太赠送了一束诙谐实用的“菜花”礼物。听起来引人发笑，但也不失为一种朴实幽默的浪漫心意。

“浪漫”两个字本身就能彰显出行云流水般的自然与自在，两个字的偏旁都有中国字的“水”字边，水是没有形状的，水无拘无束，经常是平静淡然的，即使掀起波澜，也是天然的潮起潮落。浪漫也一样是非刻意的追求，可大可小，可恢宏，也可平淡，当你不再带着压力去刻意营造什么状态时，真正的浪漫，也许会像花开一样，不知不觉地就绽放了。

Sunny 浪漫心语

◎ 不去奢望那些与你南辕北辙的目标。只有不刻意了，你才能自在，甚至可以发现无趣中的有趣，体验一种浪漫的生活智慧。

◎ “浪漫”两个字都有中国字的“水”字边，水是没有形状的，水无拘无束，经常是平静淡然的，即使掀起波澜，也是天然的潮起潮落。浪漫也一样是非刻意的追求，可大可小，可恢宏，也可平淡，选择属于你的心灵释放方式吧！

◎ 当你心无旁骛地享受当下的自在时，那么在你专注的眼睛里，大自然是奇妙的，世界是精彩的，生命是欢愉的，沉默是唯美的，情怀是无法言表的喜悦。

向日葵也懂夜的黑

一女孩感到工作压力大，情绪有点低落，她不经意间看到一篇文章，描述了向日葵型人的特征：“善于发现微小幸福，选择喜欢的职业，抗压力耐打击，随时随地发泄压力、对生活充满热情的阳光天性……”女孩对照一看，感觉大多数都符合自己，于是心境也逐渐明朗起来。她兴致勃勃地买来一包葵花籽，第二天种下了一些，一星期后发现发芽了，觉得很开心，两个月后，多籽的向日葵已经长成，她跟自己种的向日葵合影，也开始更加关注向日葵的特性与喜好。她决心让平淡的日子过得精彩，让自己快乐得像盛开的向日葵一样灿烂。

向日葵，别名太阳花，原产北美洲热带地区，世界各地广泛栽培，大约在明朝时引入中国。向日葵对温度的适应性强，喜温又耐寒，全身都是宝，既可观赏，又可食用，把自己的果实都无私地奉献给人类，还有另一个很美的名字叫“望日莲”。

向日葵是俄罗斯和秘鲁的国花。这种能给人带来美好希望的向阳花，在历史上曾有着多种版本的美妙传说。

传说之一是说仙女克丽泰，有一天，在树林里遇见了正在狩猎的太阳神阿波罗，她深深为阿波罗的俊朗所着迷，疯狂地爱上了他。可是，阿波罗连正眼也没瞧她一下就走了。克丽泰热切地盼望有一天阿波罗能和她一起促膝谈心，但她却再也没有与他相遇。于是她只能每天注视着天空，仰望着阿波罗驾着金碧辉煌的战车划过天空。她每天都目不转睛地注视着这位太阳神的行程，直到他下山。日复一日，她就这样呆坐着，头发散乱了，面容也憔悴了，她痴心不改，每到日出，她便凝望着太阳。后来，众神知道了她的一片苦心，都非常怜悯她，就把她变成一大朵金黄色的向日葵，她的脸儿变成了花盘，永远向着太阳，每日追随他心爱的阿波罗，向他诉说她永远不变的钟情和爱慕。从此，向日葵给后人的花语就是：沉默的爱。

很多人以为，向日葵因永远朝着太阳而得名，但当你真正了解了向日葵的生长过程后，你会发现，向日葵也不是每时每刻都面向太阳的，她也有背阴时的失落，也直面黑夜的阴暗。

从生物科学的角度来看，说向日葵“总朝着太阳”是不准确的，因为向日葵向不向日要看处于什么样的生长阶段。

向日葵从发芽到花盘盛开之前这段时间，的确是向日的，有植物学家测量过，其花盘的指向落后太阳大约12度，48分钟。太阳下山后，向日葵的花盘又慢慢往回摆，太阳落山后，大地一片漆黑，夜间向日葵挺直，直立状态是向日葵与其他植物一样对重力的自然反应，在大约凌晨3点时，又朝向东方等待太阳升起；但是，向日葵的花盘一旦盛开后，就不再向日转动了，花盘明显的垂头，而是固定朝向东方了。向日葵的花粉怕高温，温度高于30℃就会被灼伤，因此固定朝向东方，可以避免正午强烈阳光的直射。

向日葵似乎没有艳丽的花瓣和婀娜的身姿，也没有缭绕的枝叶和浓郁的花香，只托一个金色的花盘，穿一身朴素的绿衣，在阳光里努力向上成长。像太阳般的圆圆脸庞，仿佛微笑地放射着金色的光芒。

试想向日葵都不能时刻朝向阳光，更何况有着喜怒哀乐的人们呢？

徐立新曾写过一篇有关帕瓦罗蒂向婴儿学艺的故事，1965年的一天，意大利著名歌唱家帕瓦罗蒂来澳大利亚歌剧院演出，住在悉尼的一家酒店里，演出前一夜，隔壁房间男婴持续的哭啼声吵醒了他和助理，令他们无法入睡。助理怒气冲冲，而帕瓦罗蒂不仅没有丝毫的抱怨与不满，反而将耳朵贴在墙壁上，聚精会神地聆听婴儿的哭声。原来，他发现男婴虽然哭了很长时间，但一直保持在高音区，每次哭到最高音接近破音的边缘时，男婴便聪明地将声音及时拉上来，这是相当有难度的歌唱技巧。帕瓦罗蒂智慧地把一件被打扰的烦事，化作一次向婴儿学习发音技巧的机会，在第二天的演出中，当唱到最高音时，他效仿那男婴的方式，完美地做到不破音，赢得了听众赞美的掌声。

向日葵型人不是没有烦恼，而是更善于自我调节，能够像向日葵那样在黑夜里挺直腰身，让自己振作起来，而当自身强大的时候，面对太阳，反而弯曲地低下了沉甸甸的花盘，谦卑地感恩上苍，然后把丰富饱满的果实奉献给人们……

这难道不是向日葵值得被赞美的浪漫情怀吗？

Sunny 浪漫心语

◎ 很多人以为，向日葵因永远朝着太阳而得名，但当你真正了解了向日葵的生长过程后，你会发现，向日葵也不是每时每刻都面向太阳的，她也有背阴时的失落，也要直面黑夜的阴暗。

◎ 向日葵型人不是没有烦恼，而是更善于自我调节，能够像向日葵那样在黑夜里挺直腰身，让自己振作起来，而当自身强大的时候，面对太阳，反而弯曲地低下了沉甸甸的花盘，谦卑地感恩上苍，然后把丰富饱满的果实奉献给人们……这难道不是向日葵值得被赞美的浪漫情怀吗？

王云之印
向日葵也懂夜的黑，拥有阳光心态的人，
不是没有烦恼，而是善于自我调节。
Sunny王云作品

汉堡族的定力

近年来，有个新词语叫做“汉堡族”， 这个称呼最早诞生于职场，指的就是那些频繁跳槽却越跳越没有满足感的人，由此，又演变为习惯性地频繁更换城市、频繁相亲、换对象……

“生活在别处”， 原是19世纪法国象征主义诗人兰波的一句名言，捷克小说家米兰昆德拉1975年流亡法国后，以其作为小说的书名，让这句话迅速流行。适当的“生活在别处”，是一种唯美的境界，总渴望远方，向往未知的世界，通过变化来获得精神的慰藉与自我的洒脱。这就好比生在都市的人们，总是向往乡间；生在乡村，却又渴望繁华。其实，是自己内心的不满足感造成的压力释放情结。

汉堡族们也有这样的心态，总在追寻那抓不住的脚步，为了改变当下工作生活的单调乏味，便开始向往那个“别处”，只是他们太过频繁，于是进入了不断跳离的怪圈。

夏宇刚过完28岁生日，却心烦意乱。最近他经常被身边的朋友戏称为职场、情场双料“汉堡族”，对此，夏宇总是一脸的无奈，于是跟好友诉苦。

夏宇：“难道我真是那汉堡中的面包，经常换夹在里面的内容？表面鲜亮却没什么营养吗？”

好友说：“我看你这几年真没安分过，总是这山望着那山高。”

夏宇点点头，心想，自大学毕业到现在，先是跳了三家公司做了助理，因不甘心成为“助理”专业户，又瞄准了销售经理的岗位频繁跳槽，做过四家公司的销售专员，这样跳来跳去，自己在哪家公司都只能算是有点工作经验的新人，反而对自己的前途更加迷茫了。

夏宇：“成功也得趁早，我这都快30的人了，在公司连个主管都还没当上，女朋友谈了几个也没心情，压力大着呢？”

好友：“旁观者清，我觉得关键是要明确你到底想要什么，什么对你最重要？认准了，至少要坚持做好，不能因为急于求成，就三天打鱼两天晒网。”

夏宇若能淡定地珍惜当下貌似平淡的现实，乐在其中地把工作踏实做好，不急于一步登天的轰轰烈烈，那么或许能从不断的成长中获得坚实的满足感和价值感。

心生活在别处，虽然也是一种境界，但要知道，即使再换到一个崭新的地球上，你也不一定能上演一个完美的传说。因为，只有淡定地反复做好当下，产生了质的飞跃，你才能厚积薄发，实现美好的梦想。

Sunny 浪漫心语

◎ 适当的“生活在别处”，是一种唯美的境界，总渴望远方，向往未知的世界，通过变化来获得精神的慰藉与自我的洒脱。如果频繁变动跳离，其实是自己内心的不满足感造成的压力释放情结。

◎ 心生活在别处，虽然也是一种境界，但要知道，即使再换到一个崭新的地球上，你也不一定能上演一个完美的传说。因为，只有淡定地反复做好当下，产生了质的飞跃，你才能厚积薄发，实现美好的梦想。

掉价，源于攀比

人类几乎都有攀比心理，攀比从整体的角度来看，也是促进人类社会发展的催化剂。但从个人的角度来说，可以攀比的内容太多了。有人曾断言一切攀比都是暂时的，你现在所攀比的物质对象，将来也许会退出攀比的舞台，又会有新的比较目标出现，从历史舞台上看，不过都是一段插曲而已。每个人或多或少都有点攀比心理，稍微攀比一下，那叫给自己动力；比得多了，变成了没有动力的压力，身心都不健康了。

过于追求攀比的人是与浪漫绝缘的，因为一旦你过于攀比，就难免怒火中烧、牢骚满腹、郁郁寡欢。一个不快乐的人怎能有浪漫情怀呢？

老是在和别人比，看人家，人家……其实或许人家也在羡慕你呢？每个人都有不同的路去走，用不同的心境去欣赏人生，没有必要在与别人的攀比中患得患失，或者将自己的价值放在别人的天秤上称来称去。

台湾作家林清玄说：“外来的比较是我们心灵动荡不能自在的来源。所有的比较都是一种执着。”比较，有纵向和横向之分。纵向比较是指个体和自己的昨天比较，找到长期的发展变化，以进步的心态鼓励自己，从而建立希望体系，帮助自己树立坚定的信心；横向比较则是指个体与周围其他人的比较，通常会瞄准自己的缺点，或者以人之长来比自己之短。但由于竞争的日益激烈，人们往往会陷入横向比较的误区，而忽略了自身的纵向比较。当你试图与人攀比时，一定不要忘记海明威的这句话：“优于别人，并不高贵，真正的高贵应该是优于过去的自己。”

浪漫的人大都是乐观的人，国际芳香疗法专家金韵蓉女士在接受电视采访时曾举过自己的一个有趣的例子：在很多年前，她曾经和家人一大清早到酒店享用特别丰盛的有上流生活质感的早餐，然后回到办公室却还要非常现实地处理自己的债务电话，原来她那时生活很艰难，但她却仍有这种乐在当下的闲情逸致去豪华酒店享受温馨的早餐，真是做足了浪漫。

健康心理学家凯利·麦格尼格尔教授（Kelly Mc Gonigal，Ph.D.）认为：“如果你认为提升意志力的关键是对自己狠一点，你就错了。自我批评会降低积极性和自控力。

相反，自我同情则会提升积极性和自控力。所以，记得在压力和挫折面前要更加支持自己、对自己好一些。”

你的现状如何呢？无论如何，放弃攀比，善待自己，一定别忘了给“浪漫”留个位置！

Sunny 浪漫心语

◎ 过于追求攀比的人是与浪漫绝缘的，因为一旦你过于攀比，就难免怒火中烧、牢骚满腹、郁郁寡欢。一个不快乐的人怎能有浪漫情怀呢？

◎ 你的现状如何？无论如何，都别忘了放弃攀比，善待自己，给浪漫一个位置！

王云之印

掉价，源于攀比。

Sunny王云作品

压力面前浪漫有招

在快节奏的现代社会，人人都难免要承受压力。心理学中说的压力，是指人的内心冲突和与其相伴随的强烈情绪体验。

俗话说，走过了漫长曲折的开拓之路，看到了泉水显得格外清澈，人生中有不少最美的东西，都是从苦难中得来的。泥土必须经过耕耘，才能种下种子，香料必须经过火的锤炼，才能散发出浓郁的香气。人们往往羡慕钻石的光芒四射，可有谁知道这是一块纯碳当初在地壳深处经受了数千年高温高压考验的结果呢。

严幼韵，就好比一块经过磨砺的钻石。她1905年出生于富豪家庭，是第一个将小轿车开进校园的复旦大学校花，不仅聪明过人，内外兼修，还是一位乐观坚强的外交官夫人，其夫杨总领事在日寇侵华期间，因拒绝为日军筹集物资，与七名外交官一起被枪杀在异乡的稻田里。这位已是3个女儿的母亲、几乎没有吃过苦的上海滩名媛却未被击垮。她携其他7位外交官的妻儿，在小岛上顽强生存，据说当时这个大家庭共有近40个躲避战乱的亲朋好友，严幼韵保持着乐观的心态，在园子里种菜、做鞋、养鸡养猪，又学会了做酱油和肥皂。她卖掉了自己所有名贵的首饰珠宝，唯一没有变卖的是她的钢琴，无论是晨曦微露，还是夕阳西下，每到空闲时，她常坐到钢琴前敲响琴键，弹上一曲。可见，在压力与困难面前，严幼韵仍然保持着积极的心态和一颗浪漫的心。

日本投降后，严幼韵携儿带女到了纽约，从几百人中胜出，当上了联合国礼宾司的礼宾官，一直工作到65岁才退休。在她百岁生日的庆祝派对上，这位浪漫优雅的老人身着宝蓝底的红玫瑰印花旗袍，穿着高跟鞋与孙子翩翩起舞！

我之所以认为压力面前浪漫有招，是因为内心浪漫的人，通常心态也比较乐观积极，当你以浪漫的情怀与行动来面对困境时，压力也就被你赶得烟消云散了。

Sunny

浪漫心语

◎ 俗话说，走过了漫长曲折的开拓之路，泉水才显得格外纯洁。人们往往羡慕钻石的光芒四射，可有谁知道这是一块纯碳当初在地壳深处经受了数千年高温高压考验的结果呢。

◎ 我之所以认为压力面前浪漫有招，是因为内心浪漫的人，通常心态也比较乐观积极，当你以浪漫的情怀与行动来面对困境时，压力也就被你赶得烟消云散了，而你，仿佛凤凰涅槃，获得了重生般的喜悦。

巧克力就是巧妙克服压力

巧克力经常被描述为浪漫的魔力甜点。巧克力是一个有味道的精灵，它懂得如何让浪漫留在唇齿之间，直抵心灵。

相传最早出现的巧克力，起源于墨西哥地区古代印第安人的一种含可可粉的食物，它的味道苦而辣。16世纪初的西班牙探险家荷南多·科尔特斯在墨西哥发现当地的阿兹特克国王饮用一种可可豆加水和香料制成的饮料，科尔特斯品尝后在1528年带回西班牙，并在西非一个小岛上种植了可可树。西班牙人将可可豆磨成了粉，从中加入了水和糖，让巧克力甜起来。1642年，巧克力被作为药品引入法国，由天主教人士食用。到了1876年，一位名叫彼得的瑞士人别出心

王云之印
I ♥ U
巧克力，就是巧妙克服压力，
洋溢着爱的愉悦。
Sunny王云作品

裁，再掺入一些牛奶，这才完成了现代巧克力创制的雏形。长久以来，巧克力用甜美的口味一直为人们传递着幸福和美好的感情。

西方人很崇尚巧克力文化。在欧洲各城市的街头，走上几步便会见到一个巧克力屋。在德国科隆的莱茵河边上，还有一家巧克力博物馆。据说目前世界人均巧克力消耗量最多的是瑞士，每人一年要吃10千克巧克力。

“你不能拒绝巧克力，就像你不能拒绝爱情”，一部外国电影里漂亮的女主角骄傲地说。在沐浴爱河的浪漫恋人们心中，巧克力被誉为“爱情巧克力”，它和玫瑰花相配是情人节最珍贵的礼物。在相聚的时刻，一边品尝味道甜美的巧克力，一边娓娓讲述着那浪漫动人的情感故事。巧克力给热爱浪漫生活的人们带来快感！

三星曾有一款以“Chocolate”主题命名的手机，当时特受时尚青年人的青睐，或许因为巧克力的滋味就是爱的滋味，把“Chocolate”作为一种浪漫生活方式的化身。还有一次特别的时装表演，是别出心裁的巧克力时装，将巧克力穿在模特的身上，可见巧克力深受人们的喜爱。巧克力的甜蜜温馨就如同荡漾在每个人心中的甜蜜感觉，浪漫时光、激情时刻，若有巧克力相伴，一定会感受到一种深入肺腑的温馨暖意。

科学合理地吃巧克力，会给我们的生活带来快乐和健康。巧克力有利于心脏健康，巧克力中的多酚广泛存在于可可豆、茶、大豆、红酒、蔬菜和水果中。巧克力中还含有钙、磷、镁、铁、锌和铜等多种矿物质，它们会促进氧在血液中的循环，可及时为你补充在运动中消耗的营养物质。巧克力可适当降低血液中的胆固醇水平，可可豆中天然存在的可可脂可以使巧克力具有独特的平滑感和入口即化的特性。研究表明，可可脂中含有的硬脂酸可以降低血液中的胆固醇水平。巧克力还具有诱人的神奇魔力，在远古玛雅文明时期，人们坚信是天神将可可豆赐予人类，他们认为可可豆的芳香使人精神振奋并能刺激情欲。有研究表明：巧克力中含有丰富的镁元素。镁，具有安神和抗忧郁的作用，巧克力中的苯乙胺可以帮助调节人的情绪，因而能给人带来好心情。

曾在报纸上看到，把“压力”这个词的英文“Stressed”，从后面倒过来拼写，就是甜点的英文“Desserts”。于是可以说压力就像甜点，而巧克力便是一种减压的甜点。人们从巧克力的美味中体会到生活中回味无穷、丝丝萦绕的美好记忆。有人说巧克力是甜的，有人说她是苦的，有人说她是快乐，还有人说她是温馨。巧克力给人带来的精神感受已经超越了它作为一种食品的价值。

若把“巧克力”的中文从字面上拼句，也可以称为“巧妙克服压力”，看来，美味的巧克力，还是一种名副其实的减压食品呢。

Sunny
浪漫心语

◎ 巧克力的滋味就是爱的滋味，通常把“Chocolate”作为浪漫生活方式的一种化身。

◎ 人们从巧克力的美味中体会到对生活的那种回味无穷、丝丝萦绕的美好记忆。巧克力给人带来的精神感受已经超越了作为一种食品的价值。

◎ 若把“巧克力”的中文从字面上拼句，也可以称为“巧妙克服压力”，看来，美味的巧克力，还是一种名副其实的减压食品呢。

红酒摇曳的神秘灵动

说到红酒，自然就让人联想到浪漫。那迷人的色彩、醇厚的酒香，绵长的回味、飘扬的情思，还有那优美线条的郁金香杯子，以及托酒杯轻轻晃动的优雅……这一切都透着浪漫的气息和情调。

红酒的神奇，或许是因为它饱含了鲜活生命的原汁、蕴藏了深厚的历史内涵、绵延了高尚的文化积累。

据记载，公元前3000年，苏美尔人已有人工灌溉的葡萄园。在巴比伦帝国、古埃及时期的葡萄酒，不仅是含酒精的饮料，还具有浓厚的宗教与政治象征意义，也蕴含死亡、再生、与神的接近等多重意义，故常被当作祭神的用品，而且只能为社会的精英在餐会中独享。

《圣经》中曾521次提及葡萄酒。耶稣在最后的晚餐上说“面包是我的肉，葡萄酒是我的血”。基督教把葡萄酒视为圣血，教会人员把葡萄种植和酿造葡萄酒作为工作的一部分。例如，法国勃艮第产区的葡萄酒酿造就归功于修道士们的精心栽培，以及从罗马迁居于阿维农的教皇们的喜好。

一串葡萄似乎是美丽、静止的，一旦被酿造成红酒后，就有了充满灵动的生命力。如果把红酒比作女人，那她一定是充满韵味和内涵的女人，经历过了清新纯净的少女时光和人生的美好历练，逐渐成为积蓄了更多能量和激情的成熟女人，抒写着自己醇香柔美的动人故事。

对于少女，红酒是一首浪漫的诗，充满着梦幻无边的期待；对于熟女，红酒是一首动听的歌，蕴含着轻柔的生命激情；对于男人，红酒是一种女性化的酒，越品越醇，慢品才香……

红酒是穿着高贵浪漫的外衣为我们所认识的，她在诉说着一种乐活的生活态度和方式。她除了带给人们高贵、浪漫和健康，更是一种忙碌生活中闲适和悠然的体验。当你慢慢地品着红酒带来的味觉、视觉和嗅觉的体验，倾听着岁月流转的爵士乐，别有一番欢乐与些许神秘涌上心头，你的心是何等的清雅端宁、和谐淡定。

一次轻松的下午茶，一次挚友聚会，一对情侣的晚餐，品一杯葡萄酒，增加一点情趣，也增加了浓浓的情意。心中有风景的女人喜欢红酒的浪漫，却不屑去玩故弄玄虚的暧昧。据说被红酒渲染的女人容易对心上人敞开心扉，似乎红酒知晓女人的心事，月朗星稀，红酒泛彩，酒香馨悠，令人心神摇曳，唇齿流芳，心扉顿开。对着光，倾听着细语，回应着诉说，难道不是一首浪漫悠扬的小夜曲吗？

红酒不仅能给人带来浪漫的感觉，而且内含极为丰富的微量元素，能补充体内微量元素的损耗，修缮、清理心脑血管毛壁上的杂物。只要饮酒不过量，红酒还有一定的保健功能。红酒伴佳人，红酒还是提升女人肤色的天然粉底。

红酒的品赏常识

酿制红酒的主要品种：赤霞珠（Cabernet Sauvignon），全世界至少有17万公顷土地种植赤霞珠，从摩尔达维亚一直到南非，最好的赤霞珠品种在法国波尔多梅多克地区，口味刺激，果香强劲，适合搭配土豆烧牛肉等口味浓烈的菜。梅洛（Merlot），种植面积世界第二，口味比赤霞珠柔顺一些，微微辛辣的红色水果，有时是李子干的香气，适合搭配较清淡一点的菜。西拉（Syrah），最早在法国罗纳河谷地区种植、最主要的特点就是香，口味浓烈，单宁平衡，最适合搭配烤肉。黑皮诺（Pinot Noir），世界上最娇气的葡萄品种，酿造出世界上最小资的红酒，口感柔顺爽滑，单宁细腻，适合搭配口味较清淡的菜。

把红酒放在白色背景下，将酒杯倾斜45度角，观察葡萄酒的边缘颜色。红葡萄酒的颜色会随着时间的累积而变浅，年轻时边缘通常是紫色，大概1～3年后会变为宝石红，3～5年以后会变成石榴红，若出现褐色，则表示酒已经开始走下坡路。

品尝红酒最基本的器皿是高脚酒杯，以便拿来鉴别酒色及避免手温传到酒中，并方便用来摇动酒杯醒酒，使葡萄酒散发出香气，展现酒质特征。一般用的红酒杯都拥有较大的杯口和杯身，也是为了方便红酒注入酒杯后与空气的接触，酒中成分要与空气有充分的接触，俗称“抖气”，达到氧化效果，红酒的香气、味道和口感才能完全释放出来。由于每个人的口味不同，可以让红酒每“抖气”5分钟便细尝一下，直至觉得入口舒服、味道适中，便是品尝红酒最理想的效果。

手持郁金香型高脚杯时，别以为用手捧着丰满的杯肚最稳当。由于手掌的温度会令杯中的酒开始升温，从而影响葡萄酒的口感，通常的持杯方法是用拇指、食指和中指捏住杯茎，而手不会碰到杯身。

参加品酒活动时，最好不要使用气味浓烈的香水。品酒过程中需要仔细分辨和感受葡萄酒散发出的各种花香与果香味，而香水的遮盖作用相当明显，没准哪位男士所感受到的芬芳，实际上是来自于他身边的某位女士的香水味道。因此，无论是何种级别的品酒活动，参加者都应该提早到达品酒地点。没有人能在气喘吁吁、大汗淋漓地匆忙赶到之后，立刻进入气定神闲的品赏状态，这对于浪漫从容的品酒气氛也是一种明显的失礼和干扰。

红酒如同女人，在于品饮者如何鉴赏。品鉴红酒，要用心灵，饮不在多，而在品鉴。不仅要用味觉来品尝酒香，也要用心来分析和记录自己的浪漫感受。

Sunny 浪漫心语

◎ 红酒是穿着高贵浪漫的外衣为我们所认识的，她在诉说着一种乐活的生活态度和方式。她除了带给人们高贵、浪漫和健康，更是一种忙碌生活中闲适和悠然的体验。

◎ 一般用的红酒杯都拥有较大的杯口和杯身，这是为了方便红酒注入酒杯后与空气的接触。酒中成分要与空气有充分的接触，俗称“抖气”，达到氧化效果，红酒的香气、味道和口感才能完全释放出来。由于每个人的口味不同，可以让红酒每“抖气”5分钟便细尝一下，直至觉得入口舒服、味道适中，便是品尝红酒最理想的效果。

◎ 手持郁金香型高脚杯时，别以为用手捧着丰满的杯肚最稳当。由于手掌的温度会令杯中的酒开始升温，从而影响葡萄酒的口感，通常的持杯方法是用拇指、食指和中指捏住杯茎，手不会碰到杯身。

品味蕙质兰心的茶香

很多人喜欢品茶、喝茶，或许因为茶能唤起人们心中那一方清雅净土，茶清新淡雅的气味，给人一种清爽内敛的浪漫感受。人在草木之间，坐看茶的一浮一沉，可以让自己气定神闲，淡然于胸，一边品茶，一边感悟人生百态，静心享受其中，陶醉于茶香，忘却烦忧，雅兴所至，慢慢读懂自己的思绪……

传说，茶是神农尝百草时飘落到杯子里的一片绿叶。茶起源于中国，由茶树植物叶或芽制作而成。有文字记载，我们祖先在3000多年前已经开始栽培和利用茶叶树，〔唐〕陆羽的《茶经》有“茶之为饮，发乎神农氏”的诗句。

爱喝茶的人，常常可以拒绝喧嚣与浮华，静静地坐下来，自己或者和家人、朋友泡上一壶茶，体味一种无所求的禅意。喝茶可以成为极其高雅的闲适体验，“喝”转换成“饮”或“品”。自古以来，茶都以“脱俗”的气质，被文人墨客隐喻出“儒雅至上”的浪漫，有着“宁静致远”的境界。唐代杜牧有“今日鬓丝禅榻畔，茶烟轻扬落花风”的诗句。

鲁迅先生曾说：“有好茶喝，会喝好茶，是一种清福，不过要享这清福，首先就必须有工夫，其次是练出来的特别感觉。”轻轻晃动手中的茶杯，浅浅地饮一口，茶道的仪式充满了形式的、艺术的美感，茶叶的品质、茶器的考究、静谧的氛围，这美感体现在茶艺师的举手投足之间。这样的时刻，谁又能说不是一种云淡风轻的浪漫呢？

江西流传有“妇水夫茶”的说法，如果把女人比作水，男人则如茶。正像好马必须配好鞍一样，苏东坡曾说好茶必须配好水。好茶叶离不开好水的沏泡，就仿佛鱼儿离开了水就无法呼吸，水与茶的融合正如男人与女人的结合。古诗云：“茶香高山云雾质，水甜幽泉霜雪魂。”

一杯茶，与儒家相通，看到的是中庸之道；与道家相通，看到的是天人合一；与佛家相通，看到的是茶禅一味。而茶也仿佛在谦卑地说，我就是一杯水，你想到什么，就是什么，这正说明中国茶道有着无限的包容，品茶之时，也是在品味你当下的心情。

俗话说，君子之交淡如水，茶人之交醇如茶。茶作为中国的特产，以中国人无比荣耀的招牌而争宠世界，在外国人眼里，茶文化丰富多彩，妙趣横生，是一种中国式的浪漫习惯。西湖龙井、洞庭碧螺春、黄山毛峰、庐山云雾茶、安溪铁观音、君山银针、六安瓜片、信阳毛尖、武夷岩茶、祁门红茶，是地道的中国十大名茶。由于中国大部分地区四季分明，故有“春饮花茶，夏饮绿茶，秋饮青茶，冬饮红茶”的说法。春季宜喝花茶，花茶可以散发一冬淤积于体内的寒邪，促进人体阳气生发；夏季宜喝绿茶，绿茶性味苦寒，清热解毒，绿茶中的茶多酚有调节情绪的功效；秋季宜喝青茶，青茶不寒不热，能彻底消除体内的余热，使人神清气爽；冬季宜喝红茶，红茶味甘性温，含丰富的蛋白质，有一定养胃的功能。

茶叶也开启了通往中国文化之门。早在1636年，茶叶已抵达巴黎，法国王室成员迅速成为茶叶爱好者。那时茶叶的流行范围仅限于法国上层社会和知识分子，因此，茶甚至被作为皇室的象征。现在，法国人喝茶可以在任何场合，因为任何心情，为了任何事，简单随意，他们以每个人对不同口味茶的喜好作为个人引以为傲的个性体现。

下午茶是英国17世纪时期的产物，绵延至今，正逐渐变成现代人休闲的一种习惯。传说在1840年英国上流社会的贝德芙公爵夫人与安娜女士，在下午时分因百无聊赖，就让女仆准备了少量的烤面包片、奶油和红茶。这种简便的饮食方式很快就成为英国贵族们打发下午时光的一种绝佳方式。不过在以严谨的礼仪要求著称的英国，下午茶逐渐产生了各式各样的礼节要求与习惯，并成为英国上流社会中每日必不可少的环节之一。英式下午茶的专用红茶为产自英属殖民地印度的大吉岭红茶与伯爵茶，或锡兰高地红茶。除此之外，英国也有在下午茶时喝奶茶的习惯，随茶而来的还有切成薄片的柠檬及奶罐。

英伦风尚下午茶的浪漫气息，体现着现代人身心疲惫时休闲的需要，在茶馆或是隔着玻璃幕墙的写字楼下，一边就着西式糕点喝茶，一边看着午后街头的匆匆脚步，或是悄然独坐，或是一两个好友促膝闲谈，也是一种有利于减压的饮食习惯。广义的下午茶一般是选用一些点心及饮料来补充点能量，同时放松身心，有效保持精力，享受闲适时光。

流行在很多茶座的花草茶颇受女人的欢迎，不仅是一种饮料，还有减肥、美容、排毒的功效，更是一种让女人重回自然怀抱的捷径。慢品一杯花草茶，可以让女人体味自然的美好，独享人生之快慰。

Sunny 浪漫心语

◎ 爱喝茶的人，常常可以拒绝喧嚣与浮华，静静地坐下来，一边品茶，一边感悟人生百态，静心享受其中，陶醉于茶香，忘却烦忧，雅兴所至，体味一种无所求的禅意，慢慢读懂自己的思绪……

◎ 英伦风尚下午茶的浪漫气息，体现着现代人身心疲惫时休闲的需要，也是一种有利于减压的饮食习惯。广义的下午茶一般是选用一些点心及饮料来补充点能量，同时放松身心，有效保持精力，享受闲适时光。

体味咖啡的低调诱惑

“我不在家就在咖啡馆，我不在咖啡馆就在去咖啡馆的路上”，巴尔扎克（Honoré de Balzac）的这句话成了咖啡族共鸣的心语。

喝咖啡代表着一种时尚、独立的生活意识。喝咖啡可以很随意，也可以很讲究，品尝细细磨出的咖啡，配搭精致的小点心，或一个人独享，或两个人静静地分享心里的秘密，感觉无比的惬意。一杯咖啡，一份心情，很适合慰藉都市人那颗敏感而纠结的心灵。

邓丽君唱的《美酒加咖啡》：“明知道爱情像流水，管他去爱谁，我要美酒加咖啡，一杯再一杯……”梁咏琪唱的《胆小鬼》：“你爱咖啡低调的滋味……”萧亚轩在《Cappuccino》中唱道：“爱情像Cappuccino，浓浓的眷恋泡沫……”爱喝咖啡的人似乎都有点浪漫情怀。咖啡具有特殊的风味与诱人的魔力，很容易令人上瘾，许多人喜欢喝咖啡是喜欢咖啡渲染的那种浪漫的气氛。有时候，只闻到飘来的咖啡的香浓味道，就够让你散发出浪漫遐想了。

咖啡的浪漫传奇故事很多。关于咖啡的来历，传说是因为一场野火，烧毁了一片咖啡林，烧烤咖啡的香味引起周围居民的注意……于是有了咖啡和咖啡文化。如果说茶是神农尝百草时飘落到杯子里的一片绿叶，那么咖啡则是传说中埃塞俄比亚的一个牧羊人在野外放羊时发现的一颗红豆。

非洲是咖啡的故乡，埃塞俄比亚是世界上最早发现咖啡的地方。在埃塞俄比亚高原有一个名为卡发省（Kaffa）的地方，因为天然环境不受任何污染，加上气候适宜、土壤优质，这里孕育出世界上顶级且最具风味的咖啡豆。西方人多浪漫外向，咖啡在经过欧洲人的嗅觉认可后，很快成为欧洲人的传统饮品。

据说法国一度由于咖啡缺货而少喝了咖啡，马上就见打盹的人多起来。1991年“海湾战争”爆发，法国也是参战国之一，法国老百姓担心物资紧缺，纷纷跑到超市抢购食品，抢购最多的竟是咖啡和糖，此事成为当时的笑话。

西方的艺术家多半与咖啡文化有着千丝万缕的联系。相传画家梵高曾住在法国一家咖啡馆的阁楼，他画过一幅叫《夜晚的咖啡馆》的画。画家毕加索当年穷困潦倒地从西班牙到巴黎，就在他花光身上最后一个法郎时，一个善良的咖啡馆老板收留了他，作为回报，毕加索把他信手涂鸦的画作都交给了咖啡馆老板，好心的老板将这些当时谁也看不上的画一一保存下来，后来这位咖啡馆老板因此而财运亨通。

威尼斯的弗罗里昂咖啡馆，是创业于1720年的老店，据说当时不管是什么阶层的顾客，来咖啡馆不外乎听听最新的市井小道消息，而该咖啡馆的主人弗罗里昂·法兰西斯科尼本人就像个万事通，因为他消息灵通，可以满足顾客们的好奇心，仿佛是“十万个为什么”的回答者。这家有着二百多年历史的咖啡馆，至今还保留着19世纪初期的模样。在这家咖啡馆里，还有因描绘威尼斯的景色而闻名遐迩的卡纳雷托画的从咖啡馆里向外看的风景画。传说拜伦、歌德等文学家也曾特别青睐这家咖啡馆。

很多人爱喝咖啡，甚至不喝咖啡就不能精神焕发地工作。据说，咖啡的魔力在于它含有咖啡因和300多种芳香成分，喝咖啡也是一种文化，真正懂咖啡、品咖啡的人对咖啡的喝法很讲究，就如同中国的“功夫茶”。喝咖啡讲究的不仅在味道，还有环境和情调，不经意地表达着一种浪漫情调，一种享受生活的温馨惬意感。

咖啡的种类和喝咖啡的场所代表着你喜欢的浪漫方式。海涅曾说：“康德是没有生平可说的。他每日的生活，就是喝咖啡、写作、讲学、进餐、散步，一生雷打不动。”霍珀的油画《咖啡馆》，画的是两个女人在咖啡馆里面对面坐着聊天的场面，因为她们需要有一个安静的空间来宽厚地感受同性之间的友善与接纳。杨二车娜姆曾说，她喜欢咖啡，尤其是喜欢几个女朋友在一起，在一堆鲜花丛中，煮一壶意大利的小咖啡，整个屋子里面全都是咖啡香香的味道，穿插在女人们的谈话中，松松地融在这个咖啡的香气里，心里总是有一股非常温暖的感觉。

在舒适的家中，用精良的咖啡壶，自制自饮各种喜欢的咖啡口味，是一种自然别致又舒适的浪漫，令你身心放松，充满浪漫情趣；在温暖雅致的咖啡厅里和友人一起喝咖啡，你喜欢的是简单而温馨的浪漫，希望彼此能有良好的沟通与默契；在公司的休息区内喝上一杯咖啡，无疑是你在紧张的工作压力下的一种调剂和享受；在高贵豪华酒店的咖啡厅喝上一杯卡布其诺，你喜欢的是一种尊贵华丽的浪漫经历；在欧洲风格的露天咖啡座喝上一杯纯粹的拿铁，你或许会喜欢异国情调的那种闲适的浪漫。

虽说美国金融顾问大卫·巴赫曾把上班路上买杯咖啡，哪天嘴馋了再买块蛋糕这类看似每一项都用不了多少钱的消费称作拿铁因素（latte factor），用来提醒人们每天的零散花费，聚积起来可以让他们成为百万富翁。但从生活质量与心灵修行的角度，我始终认为，如果坐在温馨的咖啡馆中品一杯咖啡，能让你气定神闲，放松心情，自由自在地补充心灵的能量，这又何尝不是一项惬意的支出呢？

有研究发现，每天喝一杯咖啡有助于降低血压。这是因为咖啡中的抗氧化物有助于增加体内氮氧化物的产生，而这种氮氧化物能使血管壁变松弛，从而降低血压。虽然咖啡有舒缓身心的作用，喝咖啡的感觉也很放松，但身体大概要花8个小时的时间才能彻底代谢出你喝的咖啡因，喝过多的咖啡难免会导致失眠和胃痛，所以，最好不要在下午三四点后喝咖啡，也尽量不要一天喝超过两杯以上的咖啡。

Sunny 浪漫心语

◎ 喝咖啡可以很随意，也可以很讲究，品尝细细磨出的咖啡，配搭精致的小点心，或一个人独享，或两个人静静地分享心里的秘密，感觉无比的惬意。一杯咖啡，一份心情，很适合慰藉都市人那颗敏感而纠结的心灵。

◎ 喝咖啡也是一种文化。喝咖啡讲究的不仅在味道，而是环境和情调，不经意地表达着一种浪漫情调，一种享受生活的温馨惬意感。

◎ 喝咖啡要讲究礼仪：咖啡杯的正确拿法，应是拇指和食指捏住杯耳将杯子端起。标准的搅拌手法是将咖啡匙立于咖啡杯中央，先顺时针由内向外划圈，到杯壁再由外向内逆时针划圈至中央，然后重复同样的手法，这种方法令咖啡浓淡均匀。喝咖啡需趁热，因为咖啡中的单宁酸很容易在冷却的过程中起变化，容易使口味变酸，影响咖啡的味道。饮咖啡吃点心时，不要一手端着咖啡杯，一手吃着点心，应当在饮咖啡时放下点心，吃点心时则要放下咖啡杯。

聆听震撼与感动的乐章

音乐是空气的诗歌，是人生的艺术。尼采说：如果没有音乐，生活就是一个错误；贝多芬说：音乐能使人类的精神迸发出火花，领悟音乐的人，能从一切世俗的烦恼中超脱出来。

浪漫主义音乐，不论是作曲还是演奏，都以个性为重点，注重感情表达。一般认为，德国作曲家韦伯（Carl Maria- von Weber）是浪漫主义音乐的先驱，随后有舒伯特、柏辽兹、门德尔松、肖邦、李斯特等大量作曲家。他们分别在艺术歌曲、标题交响乐、钢琴小品、交响诗、歌剧等浪漫主义新体裁的创作上取得了巨大成就。音乐中的浪漫主义精神，不论在浪漫曲还是在器乐方面，形式结构都更加自由，它服从于感情上的需要，有意识地带有片断或即兴的性格，把浪漫主义理想体现得淋漓尽致。强烈的民族主义，对英雄的崇敬，奇异的布景和服装，描述性音乐，以及交响和声乐配曲所显示的精湛技巧，都是构成浪漫主义音乐的因素。

浪漫曲源于西班牙文“Romance”，世纪前后指一种采用当时语文歌词的世俗歌曲，以别于拉丁文歌词的宗教歌曲。18世纪中叶在德国是一种小型的叙事歌曲或抒情歌曲。18世纪后半叶在法国民间，19世纪中叶起在俄国是一种抒情歌唱曲，常由钢琴伴奏，其特点为曲调表情细致，与歌词紧密结合的伴奏形式亦较丰富。

音乐上的浪漫主义时期大约从19世纪20年代开始，随后一直持续了大约100年时间，这一时期的音乐与以往音乐的最主要不同在于强调个性与自我感受，对情感世界的表现无拘无束，体现了浪漫主义所特有的激情。

在古典派作曲家贝多芬、罗西尼和韦伯的晚期作品中，已经明显流露出浪漫主义音乐的风格，正是他们开创了浪漫派的先河。舒伯特和柏辽兹是初期浪漫派音乐的代表人物，后来，浪漫主义音乐经过门德尔松、舒曼、肖邦和威尔第等人的进一步完善，在柴可夫斯基、李斯特和瓦格纳的时代达到了巅峰，这些作曲家、钢琴家构成了中期浪漫主义的中心。至于马勒、理查德·施特劳斯和拉赫玛尼诺夫等近代名家的作品，则归于晚期浪漫主义音乐。

浪漫主义作曲家强烈地表现出自己的癖好，这与受形式支配的古典主义格格不入。古典主义音乐像线条一样鲜明；而浪漫主义音乐则偏重于色彩和感情，并含有许多主观、空想的因素。

早期浪漫主义音乐，浪漫歌剧的创始人德国作曲家韦伯，他的歌剧《自由射手》被公认为德国第一部民族歌剧。据说歌剧上演后，很快地传遍每个偏僻角落。著名诗人海涅在给友人的信中饶有风趣地描写了《自由射手》在群众中流传的盛况：清早从他窗户下走过的小学生用口哨吹着《出嫁时的花环》，理发师上楼时也唱这首歌，在他外出作客时，一位姑娘在钢琴上弹的也是这支歌。德国甚至还出现了“自由射手”牌啤酒，“自由射手”式女装。它也为欧洲浪漫主义的歌剧奠定了基础。

享有“歌曲之王”美誉的舒伯特一生共写下了1500首作品，其中最著名的有交响曲《未完成》、钢琴五重奏《鳟鱼》、声乐套曲《美丽的磨坊姑娘》等。他的歌曲优美、质朴而深刻，充分体现了诗歌的意境。作品中折射出那个时代小知识分子的苦闷与压抑、欢乐与痛苦，成为浪漫主义艺术的典范。比如他的小提琴独奏曲《小夜曲》歌词大意很浪漫：“我的歌声穿过深夜，向你轻轻飞去，在这幽静的小树林里，爱人，我等待你！”“你可听见夜莺歌唱，她在向你恳求，它要用那甜蜜歌声，诉说我的爱情。”

“钢琴诗人”肖邦的音乐潇洒、飘逸、含蓄、柔情，而这一切又都是在浓郁、鲜明的民族风格和热烈、深沉的爱国热情中表现出来的。他为后世留下了二百余首钢琴珍品，有以《C小调革命练习曲》为代表的27首练习曲，有富于民族风格的51首玛祖卡舞曲，而他的21首《夜曲》更是钢琴音乐中的精品。

现代流行音乐大都有不同风格的浪漫抒情方式，那么有

王云之印
比天空和海洋更宽阔的是你充满想象的心灵空间。
Sunny王云作品

多少唱到“浪漫”的歌曲呢？

Twins的《大浪漫主义》歌词：“罗曼蒂克，无论我有没有谁的拥抱，同样有权这天配给得到，我未能参与，能羡慕亦很好……”

黄一雄作词孟庭苇唱的《爱上浪漫的人》：一个爱上浪漫的人，前生是对彩蝶的化身，喜欢花前月下的气氛，流连忘返海边的黄昏，一个爱上浪漫的人……相约在那下着冬雪的早晨，两个人的微温靠在一起不怕寒冷……”

音乐是一定频率的声波振动，携带有不同的物理能量，所以能对人的心理和生理产生作用。多听些旋律优美、曲调悠扬的乐曲，可以转移和化解心理焦虑，产生愉悦的感觉。音乐还能通过神经内分泌系统，进一步对人体机能进行调节，比如，促进血液循环，促进胃肠蠕动及唾液分泌，加强新陈代谢等，从而使人精力充沛，轻松愉悦。

音乐精神的减压放松不是简单地听听音乐而已，而是伴随着音乐游离在意识和潜意识之间的冥想状态，自由发挥自己的想象力，体验音乐旋律的美感和你自己内心世界丰富的感悟力和创造力，使身体和精神深度放松，让你在短时间内缓解情绪并释放压力，恢复到精神饱满的状态以投入到工作和生活中。

那么，哪些是减压的浪漫音乐呢？比如：爱尔兰神秘园双人组合的“White Slores”和“Dawn of a New Century”，都拥有让人从紧张情绪中释放出来的效果；心理学专业出身的雅尼，将古典音乐和流行音乐的优点融为一体，创作出了通俗易听的声音，让你感到宁静又惬意；爱尔兰女歌手恩雅拥有梦呓般的声线，她唱出的简单旋律神秘又空灵，是最受心理专家追捧的治疗心灵疾病的减压音乐。

如果按照大自然的描述来听音乐，那么有关草地的音乐联想作品有贝多芬的《第六交响乐》第二乐章，戴留斯的《杜鹃之歌》；有关高山的音乐联想有德彪西的《夜曲》；有关大海的音乐联想有德彪西的《大海》第一部分；让你感到宁静有安全感的音乐作品有肖斯塔科维奇的《第二钢琴协奏曲》小行板，贝多芬的《第五钢琴协奏曲》第二乐章，以及肖邦的《第一钢琴协奏曲》浪漫曲等。

在缓缓的音乐中，你可以放松心情，静静地去聆听与享受。如此一来，让人暂时忘记了烦恼，在音乐的海洋中，让自己神经可以得到舒缓，心灵得到慰藉。

Sunny 浪漫心语

◎ 浪漫主义音乐，如同空气的诗歌，不论是作曲或演奏，都以个性为重点，注重感情表达。

◎ 现代生活的流行音乐中，表达着无数大大小小的浪漫，可以让我们体味感动，共鸣浪漫。

◎ 音乐的精神减压放松，让你自由发挥自己的想象力，体验音乐旋律的美感和你自己内心世界丰富的感悟力和创造力，使身体和精神在音乐的海洋中深度放松，得到慰藉。

Chapter 5

真 善 美 ， 世 界 通 用 的 浪 漫 语 言

Sunny 浪漫观点

爱因斯坦说，照亮他的道路，并且不断地给他新的勇气去愉快地正视生活的是理想，是善、美和真。柏拉图说：“真实的善是每个人的心灵所追求的，是每一个人作为他一切行为的目的。”

浪漫无价，世界大同，而形式是异彩纷呈的。浪漫激发创意！真善美，是世界共通的浪漫语言。不虚伪、不做作、真挚、纯洁，是真；充满仁爱的宽容和恻隐之心，是善；沟通心灵、塑造形象，是美；以真善美的品位去创意人生，生活才会更精彩！

旅行：身未动，心已远

康德曾说："一个能够到自然中去发现美的人，是一个具有优美灵魂的人，值得人尊敬。"宋代的苏轼在《与孟震同游常州僧舍》中也有"年来转觉此生俘，又作三吴浪漫游"的诗句。

杰出的地理学家徐霞客，从小就对游历祖国的名山大川有着浓厚的兴趣，强烈地渴望探索自然的奥秘。他的心事被年迈的母亲觉察到了。善解人意的母亲对他说："男儿志在四方，哪能为了孝顺我就留在家里，做篱笆下的小鸡、马圈里的小马呢！"

有了母亲的热情支持，徐霞客在他22岁那年，开始离家外出游历。他先后游历了太湖、洞庭山、天台山、雁荡山、泰山、武夷山和北方的五台山、恒山等名山。每次游历回家，他跟亲友谈起各地的奇风异俗和游历中的惊险情景，别人都吓得说不出话来，他母亲却听得津津有味。

在他50岁那年，他开始了一次路程漫长的旅行。他花了整整四年时间，游历了湖南、广西、贵州、云南四省，一直到我国边境腾冲。他跋山涉水，到过许多人迹罕至的地方，攀登悬崖峭壁，考察奇峰异洞。有一次他在腾冲经过一座高耸的山峰，发现悬崖上有一个岩洞，根本没路可通。他冒着生命危险，像猿猴一样爬上了悬崖，终于到达了洞口。

徐霞客在旅途中，每天晚上休息之前，把当天见到的听到的都详细记录，即使在荒山野岭里露宿的日子，也总是在篝火旁，伏在包袱上坚持写日记。公元1641年徐霞客去世后，留下了大量日记，这实际上是他的地理考察记录。经过他的实地考察，纠正了过去地理书上记载的错误，发现了过去没人记载过的地理现象。他在游历中考察最多的是岩溶现象，在桂林七星岩，他对那里千姿百态的石钟乳、石笋、石乳等地形，进行了详细的记载。这是世界上最早研究岩溶现象的记录。后来，人们把他的日记编成一本《徐霞客游记》。这部书不但是我国古代地理学上的宝贵文献，还称得上一部优秀的文学著作呢！

旅行是一件即使听起来都感到浪漫的事。周游世界的人一定都有浪漫的经历。作家三毛，在辞世前已经周游了59个国家地区。靳羽西女士有着丰富的国际化游历体验，她主持过的《世界各地》走进了中国人的视野，上亿观众每周末准时守候在电视机前，跟着她的脚步去探寻这世界的奇妙和精彩，更早些时候，靳羽西女士还制作和主持了电视杂志性栏目《看东方》，打入美国主流媒体，好评如潮。

从历史沿革来看，旅游，作为一项由来已久的审美实践活动，主要对象是包罗万象的大自然。旅游审美活动的内容是异常丰富多彩，无所不包的，它除了使你观赏秀美绮丽的自然景观外，还会使你对文物古迹、建筑园林、绘画雕刻、社会风尚、服饰佳肴等人文景观产生广泛的兴趣。

旅游是一项综合性的审美实践活动，美学家对审美感受宏观地分为悦耳悦目、悦心悦意、悦志悦神等三个基本层次。“悦耳悦目”突出感性功能和生理快适；“悦心悦意”突出认识功能与审美愉悦；“悦志悦神”则兼具感性和理性的突破功能。

度假对于时间就是金钱的商务人士来说，毕竟有点儿可望而不可即。不妨在日常的工作和生活中放松一下紧绷的神经，寄情于名山大川。旅游将为塑造完美的个人形象提供了丰富的资源。那么你在旅游中属于哪种浪漫形象呢？

旅游形象分为三大类。

（1）阳刚型旅游形象

你的特征是年轻力壮，血气方刚，富有冒险精神，喜欢攀岩，登绝壁，漂急流，游江河等，追求险峰绝处的无限风光，领略宏大崇高的阳刚之美；心理风格比较直爽、前卫、运动型的人崇尚这种旅游形象。

（2）阴柔型旅游形象

你的特征是平和沉着，安全意识强烈，倾向于观明月、听山泉、赏花草等清凉幽境，热衷于婉约的阴柔之美；心理风格比较优雅、温婉、浪漫型的人崇尚这种旅游形象。

（3）中间型旅游形象

你的特征是倾向于量力而行，审时度势，随遇而安，潇洒自如，旅游行为的随和性大，选择内容较广。各种心理风格的人根据自身的身体、年龄的条件不同，在旅行中都有可能呈现中间型的旅游形象。

你的形象应该符合旅行的目的。针对旅行的装束你应做哪些准备呢？

切记你带的某一件衣服，应该与另外三件配套；先确定必需的衣物，然后再加上额外的衣物，上半身的衣服一般比下半身要多些；要带一个结实的宽肩带的深色手提包；装行李时，先装衣服，然后装配饰和鞋。最后是些额外的东西。化妆品应放在独立的化妆盒里，以免液体溢出；带蓝色或黑色的裤子，比带印花的裤子好些，单色的裤子用途更广些。

如果你到海滨去，除了准备游泳衣外，还应随身带着浴衣和运动裤。即使你要到旅行的目的地参加一个重要宴会，旅行途中的服装也应选择那些不易揉皱、方便坐立的面料。

如果你是出差，则90%要带公务的衣服，10%带休闲的衣服。

如果你是公私兼顾的旅行，则带50%的公务衣服，50%的休闲衣服；如果你完全是休闲度假，则带85%的休闲衣服，15%的正式衣服。

一次说走就走的旅行，是一段时间里空间的改变，当你再回去时，和从未去过已然不同。无论你是匆匆赶路、走马观花，还是慢慢停留、细细品味，旅游都是一场潜移默化的自我更新的修行。在旅途中你会意识到每个人不同的观念和生活方式，让你的心胸变得豁然开朗，当你再看地图时，这个地方会被美好的记忆充盈着，立刻变得鲜活起来！

Sunny 浪漫心语

◎ 心理风格比较直爽、前卫、运动型的人崇尚阳刚型旅游形象。

◎ 心理风格比较优雅、温婉、浪漫型的人崇尚阴柔型旅游形象。

◎ 各种心理风格的人根据自身的身体、年龄的条件不同，在旅行中都有可能呈现中间型的旅游形象。

中国式浪漫你懂多少

何谓中国式的浪漫呢？中国人从古到今已经演绎出无数种独具特色的浪漫。

恢宏的“大浪漫”行为首先体现在浪漫主义诗人屈原身上，屈原所开创的新诗体——楚辞，突破了《诗经》的表现形式，为中国古代的诗歌创作开辟了一片新天地。《离骚》是屈原的代表作，也是中国古代文学史上最长的一首浪漫主义的政治抒情诗。作为一个浪漫主义诗人、政治家和爱国志士，屈原身穿奇彩异服，无所拘束地行走于滚滚大江之岸，有“世人皆醉唯我独醒”的浪漫豪情，不幸的是，屈原于农历五月初五投江自尽，端午节纪念了他的这种悲壮的浪漫。

中国的“诗仙”李白是盛唐伟大的浪漫主义诗人，他的最富于浪漫的山水诗《蜀道难》，以“蜀道之难难于上青天”的豪放气魄为基调，丰富了中国古代浪漫主义的表现手法，写庐山瀑布：“飞流直下三千尺，疑是银河落九天。”借助超浪漫的想象，来表现出那喷薄欲出的浪漫激情，正是这种高度浪漫的意境给人以飘飘欲仙的感觉。

李白《行路难》的“长风破浪会有时，直挂云帆济沧海”，《送友人》“浮云游子意，落日故人情。挥手自兹去，萧萧班马鸣”，创造了中国古代最强烈的浪漫主义精神。

王国维在《人间词话》里说：古今之成大事业、大学问者，必经过三种之境界……第一境界是晏殊《蝶恋花》中的“昨夜西风凋碧树，独上高楼，望尽天涯路”，是说要成功首先应该登高望远，博学多闻；第二境界是柳永《凤栖梧》中的“衣带渐宽终不悔，为伊消得人憔悴”，是说成功必须经过一番辛勤的努力，就像渴望恋人那样，废寝忘食，孜孜不倦，无怨无悔；第三境界是辛弃疾《青玉案》中的“众里寻她千百度，蓦然回首，那人却在灯火阑珊处”，是说成功只要努力付出，功到自然成，就像陶渊明的一句诗“山穷水尽疑无路，柳暗花明又一村”那样。这足以体现中国古人乐观向上的浪漫情怀！

中国式的浪漫不仅有豪放的浪漫，还有婉约的浪漫。卞之琳的《断章》就是一种含蓄的浪漫：“你站在桥上看风景，看风景人在楼上看你，明月装饰了你的窗子，你装饰了别人的梦。”

含蓄的浪漫是中国人特有的，那桥、那水、那楼、那船、那柳、那观景人……那窗外的一切，是那么神秘，那么奇妙，那么甜蜜，那么浪漫，就像淡淡的水墨画把那若隐若现的景色留给你去想象，把画面的重心落在了这两个看风景的人相互之间那种极有情趣的戏剧性关系上。那人为何不看风景专看“你”，是什么深深迷住了那双眼，是什么深深打动了那颗心？这耐人寻味的一“看”，幻梦出“你装饰了别人的梦”这一情趣盎然的戏剧化的浪漫，诱人遐想。

中国式的浪漫特别崇尚好事成双，一段凄美的爱情，总有一个梦幻的浪漫结局，来让男女主人公双宿双飞的大团圆。

梁祝的忠贞爱情，双双化为蝴蝶。这个故事在江苏宜兴一带流传很广，最动人的情节是祝英台对梁山伯说：假如我们能像蝴蝶一样，双双飞舞花间，该有多自由幸福！传说化蝶后黄色大蝴蝶是祝英台，黑色的大蝴蝶是梁山伯。从此后，每年早春二月，宜兴善卷洞碧藓庵附近，常常有一对对彩色大蝶翩翩起舞，追逐嬉戏，形影不离，人们认为这些彩蝶就是梁山伯与祝英台的精魂所化，他们留恋同窗共读的幸福生活，一年一度飞到这里来旧地重游。宜兴的父老乡亲为纪念这对情侣，把每年三月一日也就是传说的祝英台生日的这一天，称为“双蝶节”。每年到这一天，都有许多青年男女到这里来凭吊。

中国的七夕情人节，描述了牛郎织女的动人故事。传说，织女是玉皇大帝七个女儿中最小的女儿，最聪明手巧，天宫中的重要织锦都由她做，玉皇大帝有一群牛，由一个叫做牛郎的年轻人打理。牛郎与织女两人情投意合，影响了各自的工作。于是玉皇大帝下旨，叫喜鹊警告这两个热恋的情侣要节制，七日见一次面就可以了，没想到粗心的喜鹊把话传错了，他们以为每天都能见呢，更是喜气洋洋，完全忘记了天宫的工作。玉皇大帝勃然大怒，降旨他们每年只能在农历七月七日的晚上见一次面，那一天闹事的喜鹊就负责搭桥，让他们两人踩在喜鹊的肩膀上相会，于是那短暂的一天总有说不完的千言万语，那天几乎都会下着毛毛雨，就好像两人的泪水。

《罗马假日》《魂断蓝桥》《廊桥遗梦》《泰坦尼克号》，是西方的浪漫经典，而中国现代的浪漫荡漾着革命豪情，就像《激情燃烧的岁月》那种枪管上插支百合花般的浪漫。

毛主席的《答李淑一》："我失骄杨君失柳，杨柳轻飏直上重霄九……寂寞嫦娥舒广袖，万里长空且为忠魂舞。"即表达了浪漫的爱情追念，又表达了革命者的宽广豪迈。"问苍茫大地，谁主沉浮？""到中流击水，浪遏飞舟。"都是中国式的浪漫，无论万里长征中的一个激情震撼，还是"一唱雄鸡天下白"的革命情怀，都是可歌可泣的中国式浪漫！

当代中国人的情感伴随着生活方式的多元化，使得浪漫的存在形式也更加丰富多彩，五花八门，每个人对浪漫有着不同的尺度标准。但无论如何，中国式的浪漫爱情总不能离开"永远"。

"钻石恒久远，一颗永留传"，这句DE BEERS的广告语，成功地把中国人传统的结婚金首饰换成钻石戒指，钻石是爱的象征，钻石恒久远，符合中国人对爱情永恒的追求。

“我能想到最浪漫的事，就是和你一起慢慢变老……”赵咏华那首脍炙人口的歌《最浪漫的事》，从平凡的生活中发掘了爱情最质朴而动人的一面，超越了天长地久的海誓山盟，从容地揭开了相知相守的浪漫真谛。林徽因也曾说：“等待一场姹紫嫣红的花事，是幸福；在阳光下和喜欢的人一起筑梦，是幸福；守着一段冷暖交织的光阴慢慢变老，亦是幸福。”

有人说，中国人真的不是很浪漫，中国人是以结果来论价值的。在中国人眼里，最值得羡慕的浪漫爱情和婚姻是两位白发苍苍的老人携手走在夕阳里。可是，又有谁能不赞叹和艳羡这种“执子之手，与子偕老”的浪漫呢？

其实，有很多浪漫的象征物都源于中国，比如玫瑰花，原产于中国，久经栽培，现在的玫瑰大都是我国月季的法国变种。中国产的玫瑰中白雪公主、红色佳人、天使之约和夜光玫瑰最受人们欢迎，司马相如《子虚赋》：“其石则赤玉玫瑰。”亦谓珍珠。《急就篇》：“璧碧珠玑玫瑰瓮。”颜师古注：“玫瑰，美玉名也……或曰，珠之尤精者曰玫瑰。”

盛唐时的女子已经可以靓妆露面了，有身份的女子可以着不穿内衣的袒胸装，露肩露胸的装束成为流行，穿着具有浪漫特征的面料丝绸，还有薄纱做的明衣，有礼服特制的透明材质，使唐朝美女特有的丰满曲线若隐若现，突出了女性浪漫性感的风韵。

唐朝的浪漫女人杨贵妃，已有“回眸一笑百媚生，六宫粉黛无颜色”的浪漫形象，传说擦香粉的由来就源于杨贵妃，她用许多香花制成粉擦在身上才进宫见唐明皇，唐明皇闻到杨玉环身上散发的芳香，喜出望外，当即封为贵妃。

托尔斯泰曾说，世界上所有最优美的曲线都集中在女人的身上。中国旗袍的结构线以曲线为主，是最能勾勒中国女人玲珑曲线的行头了。旗袍立领、右大襟、紧腰身、下摆开衩，传达出中国特有的以人为本思想和独特的韵律之美，让凸凹有致的流畅线条紧贴着女人丰盈的玉体，腰臀曲线毕露。在电影《花样年华》中，张曼玉穿的旧上海气息的旗袍摇曳多姿、韵味无穷，让人心醉。闲庭信步之时，柔滑冰亮的绸缎与白皙的肌肤和谐一体，散发着成熟女人特有的那份气定神闲的风姿。如果你一直为自己没有瘦如T台超模而烦恼，那么恭喜你了，旗袍不需要你骨瘦如柴，适度的圆润丰满是再适合不过的了；如果你有修长美腿，但是担心穿超短裙、比基尼或者西式热裤太露骨、太直接的话，旗袍能含蓄地盖住你的腿，但是却不会埋没你腿部的性感，那高开叉的下摆可以让你的玉腿时隐时现，让你优雅的、十分体面地传递着神秘无限的性感。旗袍所演绎的浪漫是一种内敛的性感力量，耐人寻味的中国旗袍绝对可以颠覆那种过于暴露的肤浅性感，含蓄又带一丝挑逗的美感，能把中国女人表现得精致唯美，婉约沉静而又魅惑，是更具感染力的中国式浪漫服饰。

可见，中国式的浪漫，绚丽多姿，有小家碧玉式的缠绵，含蓄内敛的韵味，也有豪迈万丈的激情。如今，国际化的中国，既保有传统，又中西合璧，让中国式浪漫异彩纷呈！

王云之印
中国式浪漫，散发内敛的性感力量
Sunny王云作品

Sunny
浪漫心语

◎ 中国式的浪漫特别崇尚好事成双，一段凄美的爱情，一般总有双宿双飞大团圆的梦幻般的浪漫结局。

◎ 旗袍，能传达出中国特有的“以人为本”思想和独特的韵律之美，演绎的是一种内敛的性感力量。耐人寻味的中国旗袍绝对可以颠覆那种过于暴露的肤浅性感，含蓄又带一丝挑逗的美感，能把中国女人表现得精致唯美，婉约到极点的样式，沉静而又魅惑，是更具感染力的中国式浪漫服饰。

◎ 中国式的浪漫，绚丽多姿，有小家碧玉式的缠绵，含蓄内敛的韵味，也有豪迈万丈的激情。

最难放下的是筷子

有哲人曾说，浪漫是建立在无止尽的惊喜上的。而餐厅和美食也是滋生浪漫的绝好载体呢！餐厅的风格、环境、灯光、菜肴甚至桌布、餐巾，都可以孕育一种温馨浪漫的感觉，忙忙碌碌的人们时常会在大大小小的餐厅里延续着自己的惊喜和浪漫的梦想。如果说卧室是浪漫的私密空间，那么餐厅则是最易滋生浪漫的公共空间。

在200多年前突发的一个浪漫奇想，今天已成为一种约定俗成的职业标志。据说法国人安托万·克莱姆，是18世纪巴黎一家大菜馆的高级厨师，生性幽默。一天，他看到有位顾客戴顶白色的高帽子，觉得很别致。于是就仿制了一顶，并且做得比那位顾客还高，他戴着这顶白色高帽子进进出出的，非常引人注目，以致这家餐厅的生意格外兴隆。后来厨师们纷纷效仿戴起高顶白帽来。久而久之，戴白色高帽子就成为厨师的职业标志。人们一看厨师的帽子，就知道这位厨师的烹饪水平，帽子越高，手艺也就越高超，最高的帽子竟然达到35厘米。

西餐的礼仪要点

吃西餐很讲究情调，搭配得体的服装，也是西餐礼仪的形象要求。即使是再昂贵的休闲服，也不能随意穿着上高档西餐厅吃饭。男士要穿戴整洁，女士要穿晚礼服或套装与有跟的鞋子，晚宴女士化妆可以稍重，如果指定穿正装出席，男士必须打领带。

用餐时，上臂和背部要靠到椅背，腹部和桌子保持约一个拳头的距离，手腕或手腕和手肘的中间点，轻靠在桌边，放在餐盘的两侧；进食后，手腕微微离开桌面；吃饭时，必须等女主人动餐之后，客人才能跟着动。餐巾往内折约1/3，餐巾可以用来擦嘴角和指尖，但是不可用来擦桌子。

使用刀叉进餐时，从外侧往内侧取用刀叉，要左手持叉，右手持刀；切东西时左手拿叉按住食物，右手执刀将其锯切成小块，然后用叉子送入口中。进餐中放下刀叉时，应摆成“八”字型，分别放在餐盘边上。刀刃朝向自身，表示还要继续吃。每吃完一道菜，将刀叉并拢放在盘中。

面包的吃法是，先用两手撕成小块，再用左手拿来吃。

吃硬面包时，可用刀先切成两半，再用手撕成块。避免像用锯子似割面包，应先把刀刺入另一半。切时可用手将面包固定，避免发出声响。

每次送入口中的食物不宜过多，在咀嚼时不要说话，更不可主动与人谈话。喝汤时，用汤勺从里向外舀，汤盘中的汤快喝完时，用左手将汤盘的外侧稍稍翘起，用汤勺舀净即可。用勺子送汤到嘴里，而不是低头去找汤盘。

中餐礼仪知多少

如果你是一个热爱生活的美食家，你会发现中餐厅制造着丰富美食的惊喜，闲适地诉说着人们无数浪漫的梦想。

中国是文明古国，也是礼仪之邦，礼的产生乃是始于饮食。早在《礼记·礼运》中，就有“夫礼之初，始诸饮食”的说法。

中餐厅的优点良多，中国菜更是创造餐厅浪漫的主角。

中国菜位列世界三大菜系之首（法国菜、土耳其菜）。中国菜肴在烹饪中有许多流派。其中最有影响和代表性的也为社会所公认的有：鲁、川、粤、闽、苏、浙、湘、徽等菜系，即被人们常说的中国“八大菜系”。

一个菜系的形成和它的悠久历史与独到的烹饪特色分不开。有人把“八大菜系”用拟人化的手法描绘为：苏、浙菜好比清秀素丽的江南美女；鲁、徽菜犹如古拙朴实的北方壮汉；粤、闽菜宛如风流典雅的公子；川、湘菜就像内涵丰富充实、才艺满身的名士。

中国"八大菜系"的烹调技艺各具风韵，其菜肴之特色也各有千秋。山东菜味浓厚、嗜葱蒜，尤以烹制海鲜、汤菜和各种动物内脏为长，名菜有油爆大蛤、红烧海螺、糖酥鲤鱼等；四川菜系以味多、味广、味厚、味浓著称，名菜有宫保鸡丁、一品熊掌、鱼香肉丝等；江苏菜烹调技艺以炖、焖、煨著称，重视调汤，保持原汁，名菜有鸡汤煮干丝、清炖蟹粉、狮子头等；浙江菜最负盛名的是杭州菜，鲜嫩软滑，香醇绵糯，清爽不腻，名菜有龙井虾仁、西湖醋鱼、叫花鸡等；广东菜口味爽、淡、脆、鲜，名菜有烧乳猪、冬瓜盅、古老肉等；湖南菜注重香辣，名菜有红煨鱼翅、冰糖湘莲等；福建菜以海味为主要原料，注重甜酸咸香、色美味鲜，名菜有雪花鸡、金寿福、桔汁加吉鱼、太极明虾等；安徽菜以火腿佐味，冰糖提鲜、擅长烧炖，讲究火工，名菜有葫芦鸭子、符离集烧鸡等。

只要你稍注重礼仪，在中餐厅里，你就可以轻轻松松、自由自在的谈天说地，排遣一天的压力与烦恼。不管你是和好朋友一起吹吹牛，和情人大吃一顿解馋，还是和家人、同事一起热闹地庆祝一个特别的日子，在中餐厅里，你可以大胆充分地展露你的喜怒哀乐，只用一双简单神奇的筷子，不需要你去像吃西餐时那样随时注意餐具的意思表达，这难道不是一种中国餐厅特有的浪漫自在吗？

提到筷子，就不得不赞叹中国人的智慧发明，殊不知，如此简单的两根筷子，蕴含着深奥睿智的中国文化。

以筷进餐少说已有3000年的历史，筷子也是当今世界上很独特的餐具。筷子是亚洲人缓慢演化过程中的产物，并不是由某个人所发明。

西方人最早是游牧民族，食物是烤熟煮熟的肉块，可以切成小块拿在手中进食。而中国祖先的日常食物是一种黏稠的半流质的茶，不能用手抓着吃，于是古人就用小木棍儿之类拨食野菜树叶，后来把小木棍儿的数量固定为两根，使用小木棍儿的技艺也越来越高，直到熟能生巧、灵活自如地拿在手指之间，筷子就诞生了。

筷子看起来只是非常简单的两根小细棒，但它有挑、拨、夹、拌、扒等功能，不仅使用方便，还蕴含着丰富的易经原理，两根筷子的组合成为一个太极，主动的一根为阳，从动的那根为阴，在上的那根为阳，在下的那根为阴，形成了两仪之象。两根筷子可以互换位置，则阴阳可互动而变。筷子一头方一头圆。方的象征着地，圆的象征着天。用筷子时，筷子很自然地把我们的五指分成三部分，拇指、食指在上，无名指、小指在下，中指在中间。这样天、地、人三才之象也存在于这不起眼的筷子之中了。

据说，“民以食为天”这句话也能用筷子本身演绎。两根筷子的二数先天卦为兑，兑为口，是吃的意思，筷子的形直长，为巽卦，巽为木，有入的意思，组合在一起就是用筷子吃东西。而入口的首先是筷子的圆头，乾卦为天，这样一来，吃的就是“天”，于是，从筷子就能看出“民以食为

王云之印
除你之外，最难放下的是筷子。
Sunny王云作品

天”的硬道理来。

吃中餐时，筷子的两端一定要对齐。用餐前，筷子一定要整齐摆放在饭碗的右侧，用餐后，则一定要整齐地竖向摆放在饭碗的正中。吃饭时同别人交谈，绝对禁忌用筷子指人；筵席中暂时停餐，可以把筷子直搁在碟子或者调羹上；将筷子横搁在碟子上，那是表示酒足饭饱不再进膳了。

常听说“放下”是一种境界，需要一个人的勇气和智慧。这让我联想到吃中餐时，筷子也要适时地“放下”，无论多诱人的美味，及时地放下筷子，才能收获一份控制自如的健康。

Sunny 浪漫心语

◎ 在中餐厅里，你可以大胆充分地展露你的喜怒哀乐，只用一双简单神奇的筷子，不需要你去像吃西餐时候那样随时注意餐具的意思表达，这难道不是中国饮食文化里特有的浪漫自在吗？

◎ 提到筷子，就不得不赞叹中国人的智慧发明，如此简单的两根筷子，不仅使用方便，还蕴含着丰富而深奥的易经原理。

◎ 筷子也要适时地“放下”，无论多诱人的美味，及时地放下筷子，才能收获一份控制自如的健康。

骨子里的浪漫是永恒

话说浪漫国度，就不得不提及法国，想到法国，就不免想到时装、红酒、香水，想到抽象画派的超然自由想象，乃至恋人们旁若无人的激情深吻，据说巴黎是全世界求婚率最高的城市，漫步左岸，穿梭在咖啡馆、博物馆之间，法国人似乎生来就沉浸在浪漫主义的空气里，浪漫差不多成了法国文化艺术的一个标签。伊能静曾说：“最喜欢巴黎的路边咖啡，有浓郁的食物香气、有新鲜的空气呼吸、有不高不低的人声伴奏。这是一个可以行走、可以凝视、可以慢活的城市。而当一个城市可以如此，便会有艺术、诗歌和浪漫的邂逅，巴黎总是让人想到爱情。”

19世纪和18世纪一样，女装的基调由巴黎决定，巴黎有一种独特的文化性格，巴黎文化在欧洲各大城市中历史最悠久，内容也最丰富。这种文化的最高点就是它对女性的别具一格的崇拜。在巴黎，女人被认为是性感的艺术品，只要是与女性有关联的一切，都有其自身的传统和价值。1825—1850年，继新古典主义思潮后法国又产生了浪漫主义艺术思潮，其中绚丽的想象、夸张的形象和奔放的语言是最为显著的特点。浪漫主义反对新古典主义的法则，追求幻想的主观情感的东西，在服装上力图创造风韵独具而又柔情万种的风格。精致而又不奢华，夸张而又不怪异，奔放而又不扭捏，成为浪漫主义时装的特点。

有人建议说最浪漫的恋爱去处是法国南部。在法国第一长河卢瓦尔河两岸点缀着上百座的城堡和花园，浪漫的风光曾经博得过大师达·芬奇的青睐。在巴黎的拉德芳斯广场，曾举办过一项由吉尼斯世界纪录组委会策划的“巴黎千人接吻”。参与的人不仅有情侣，还有不限男女老少的亲朋好友以及素不相识的各地游人。有接吻最多的世界纪录保持者的巴黎还是一个“吻”城，巴黎就这样执着地将浪漫进行到底！

但是，法国的浪漫风雅是在审慎稳重与神秘之中延续下去的。法国女郎对魅力有超强的知性认知。据英国《星期日泰晤士报》专栏作家海伦娜·弗里斯（Helena Frith Powell）观察，似乎任何一名法国女人都能告诉你：性感，并不是将身体的所有部位暴露在外。一条重要的法国时尚规则就是随时尽力，同时又不忽视各种细节。所谓随时尽力，包括了你的头发、指甲、化妆和整体外观。在法国，长相普通的女孩很多，但她们看起来却并不普通。因为法国女郎认为在各方面都照料好自己很重要，这既包括心智上的成熟，也包括外表上的精致品位。

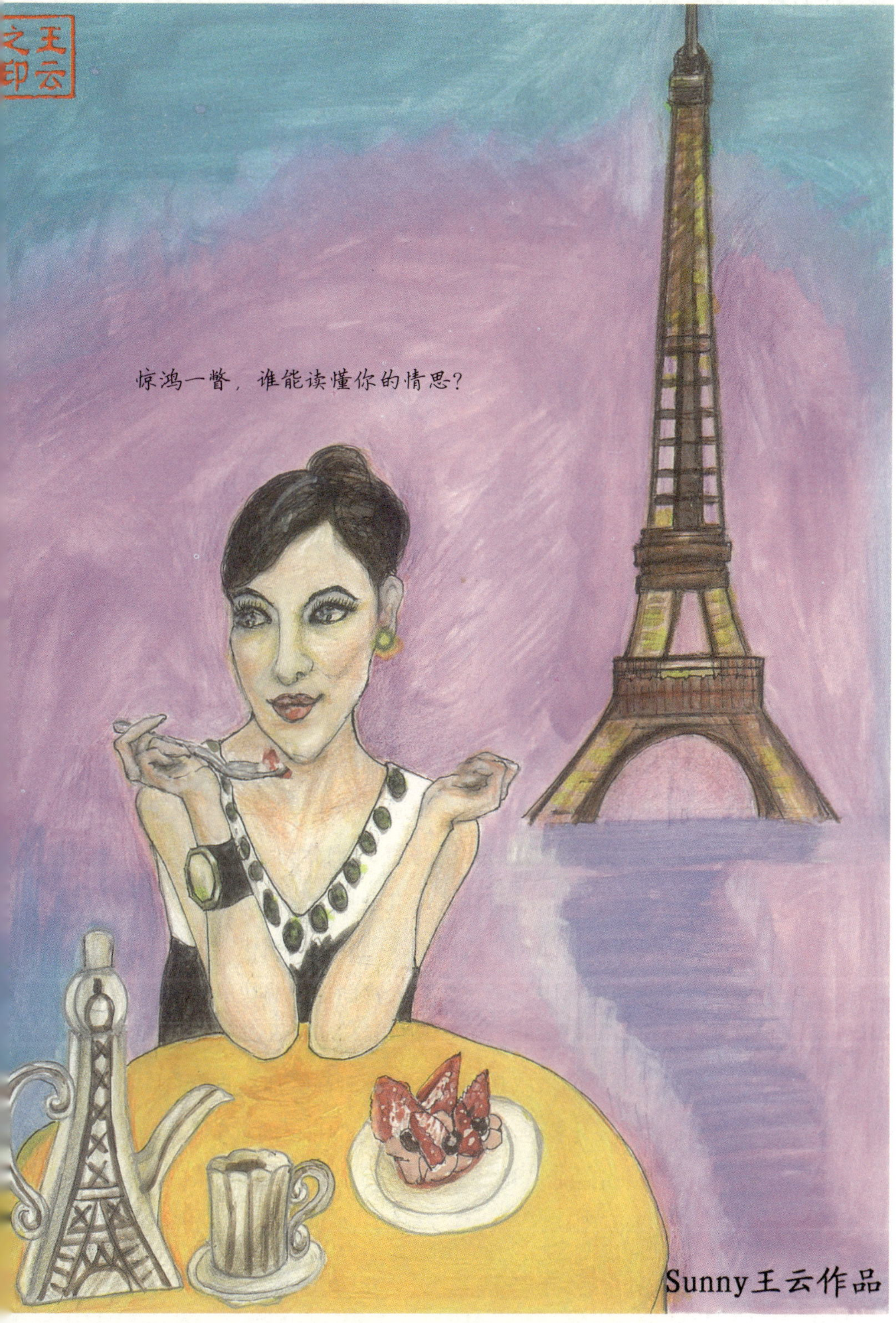
王云之印
惊鸿一瞥，谁能读懂你的情思？
Sunny王云作品

有趣的是，香水虽被法国人当做表达个性情调的私密用品，但并非所有的法国女人都是永远闻起来香喷喷的。著名的拿破仑命令他的情妇约瑟芬在他们约会前的两星期里不洗澡，因为这样他才能享受她的自然体香，约瑟芬如果用香水也只涂紫罗兰香味的香水。据说约瑟芬在1814年去世时，拿破仑在她的墓前亲手种下的就是紫罗兰。

在法式浪漫的背后，你会发现法国人酷爱哲学，有着不为人知的知性底蕴。记得法国艺术哲学家佳玥（Christine Cayol）曾风趣地说："别人老说法国人浪漫，其实我们不知道什么是浪漫。"可见，当一种特质深入骨髓时，风尚便不是一种刻意的追求了。从翟华先生在"东方文化西方语"的视角来看，浪漫的法国其实有着丰富的哲学文化背景，历史上曾产生过像笛卡儿、孟德斯鸠、伏尔泰、卢梭、狄德罗、萨特这样在人类文明史上占有一席之地的大思想家和哲学家。

据说巴黎的很多浪漫故事都发生在咖啡馆，但哲学型咖啡馆在法国也大行其道，街头普通咖啡馆，每周开辟专门时间组织咖啡馆的客人探讨哲学问题。题目可大可小，有虚有实，比如：我们愉快吗？你认识自己吗？静谧是否是灵魂的音乐吗？等等。正如一位法国人谈到有关"愉快"的话题时所言："能在生活中当个重要的人物固然是愉快的，但是更重要的是当个愉快的人。"

如果说浪漫的情感是法国的一种时尚，那么自由自在的心态则是一种文化特色。一个法国男人约自己的意中人吃晚餐的时候，他一定会首先贴心地问一句：Etes-vous libre ce soir?

意思是“今晚有空吗”？

这说明，法国人的浪漫，还表现在对自由的敏感度已经融化在血液中，正如法国新锐作家马克·莱维（Marc Levy）在他的小说《你在哪里？》中所说，“爱不是放弃自由，而是寓自由于爱”。而法国著名作家勒纳尔（Jules Renard）则强调：“真正的自由是当你在拒绝一个晚餐的邀请的时候不需要找任何借口。”这种看似随性，实则充满着真实和理性的内在特质，反而铸就了骨子里的浪漫个性释放。

法国送礼礼仪与禁忌

旅居法国多年的翟华先生曾强调：礼多人不怪，但你要懂些浪漫的法式送礼礼仪。

法国人忌讳黑桃、仙鹤图案；忌讳墨绿色，因这是“二战”期间德国纳粹军服的颜色；法国人忌讳送刀、剑、剪之类锋利的东西，因为这象征着友谊的结束；你送的东西最好不要带本公司的标志，否则法国人认为你不是送礼，而是在做广告推销。不要送法国人葡萄酒，因葡萄酒在法国是大路货，基本算不上礼物。

送花给法国女人，不可送菊花，黄色的花与不忠诚有关，亦不可送康乃馨，因为在法国也属不祥之物；玫瑰花只能送单数，除了表达爱情外，不要送红色花；不送香水、化妆品给恋人、亲属之外的女人，否则容易有过于亲热与心怀不轨之嫌。

如果要给法国朋友的孩子送礼物，最好送时下流行的玩具。但是一定不要在孩子出生之前就把礼物送去，因为法国人认为这可能给他们带来晦气。同理，在法国人结婚前也不要送礼。

如果你送礼后收到法国人这样一张字条，那就一定是礼太贵重了，比如“非常感谢您对我的关心。但是，我处于不能接受如此价值的礼物的境地”，礼物的价值要适中，绝对不能太昂贵。

Sunny
浪漫心语

◎ 在法式浪漫的背后，你会发现法国人酷爱哲学，有着鲜为人知的知性底蕴，这种看似随性，实则充满着真实与理性的内在特质，反而铸就了骨子里的浪漫个性释放。

◎ 要想保持个人的持久浪漫优雅，就要擅于在各方面都照料好自己，这既包括心智上的成熟，也包括外表的精致品位。

◎ 寓自由于爱，不矫情做作，却是内外兼修之后自然形成的格调。

地球村的浪漫传说

地球村的概念是没有国界的，只要开眼看世界，美好的东西都是共通的。浪漫遍布世界各地，亚洲有内敛含蓄的浪漫，欧洲有经典时尚的浪漫，美洲有开放性感的浪漫，非洲有古老原始的浪漫……浪漫的概念也是世界同感的。世界时尚之都无疑都诞生在最浪漫的国度，伦敦、东京、米兰、纽约、巴黎是当今世界最具活力的国际时尚之都。

似乎世界上大多数人都不会否定巴黎是最浪漫的地方，法国是世界上最浪漫的国度，它会让你忘记你从哪里来，将要去何方，你会陶醉在它的浪漫情怀中。塞纳河会告诉你什么是爱情，卢浮宫会告诉你什么是美丽，整个巴黎会告诉你到底什么是浪漫……

就像喜欢时装香水的人提到巴黎就是浪漫一样，喜欢电影的人提起洛杉矶的好莱坞一定觉得浪漫，很多经典的爱情故事让你无法拒绝好莱坞似的浪漫。美丽的北非之城卡萨布兰卡也因为那浪漫的歌曲和电影而浪漫流传，电影《罗马假日》留下的关于爱情的经典浪漫，让罗马书写着意大利的浪漫。

浪漫的巴黎人想去哪里呢？有人说是威尼斯，威尼斯是世界上独一无二的水城，她的风情总离不开水，蜿蜒的水巷，流动的清波，就好像一个漂浮在碧波上浪漫的梦，诗情画意，宛如久久挥之不去的童话。

意大利似乎是一个有着奔放爱情的国家，许多脍炙人口的爱情故事都以这里为背景，有充满韵味的文艺复兴时期的建筑与艺术名作，在时尚圈里流行着这样一句话：时尚从英国起源、法国发迹，于意大利变成艺术。19世纪初期，浪漫主义思潮席卷整个欧洲，以贝利尼和多尼采蒂为代表的意大利浪漫主义歌剧流派崛起，情感处理的浪漫色调，构成了早期浪漫主义的歌剧特征。

每年的情人节，据统计，英国人送的卡片是全世界最多的，在这个以严谨古典著称的英伦国度，伦敦却是17世纪最有创造力的城市。创造又颠覆着时尚，像一个经常激动的心脏一样充满创意，有创意的城市就会有浪漫的气息。

纽约的国际大都市浪漫吸引着世界各地的艺术家，艺术经常跟浪漫有着千丝万缕的关系；日本东京的浪漫表现在东西方的反差与交融，京都是令许多欧美人士激赏的别致的浪漫，箱根是一种纯粹的日本风情的浪漫；丹麦的哥本哈根以安徒生童话故事《海的女儿》塑造的那尊世界闻名的“美人鱼”铜像为童话浪漫之城标志。

中国的浪漫之都可不止一两个。北京的恢宏大气，上海的国际情调，香港的缤纷时尚，杭州的清雅秀丽，大连的清新静谧，青岛的别致海韵，深圳的效率革新……

有趣的是，世界各地许多国家的名字也可以令人浮想联翩，如果把他们的国名按字母拆分来造句，就有了如此浪漫的新解：

China 中国

Come here in new affection. 来吧，这里有全新的爱！

United States 美国

Use new idea to every darling, so take affection to everybody soon. 用新观念对待每一个你爱的人，如此，你将很快对每个人产生爱的影响。

France 法国

Friendships romantic always never could end. 浪漫的友谊永不停息。

Italy 意大利

I trust always love you. 我相信永远爱你。

Australia 澳大利亚

An unique sweet tour rould abroard line is active. 一次独特甜蜜的国外旅行是充满活力的。

Canada 加拿大

Cute and natural action develop attraction. 可爱自然的行动发挥吸引力。

Germany 德国

Good energy romantic men always near you. 精力充沛的浪漫好男人总在你身边。

Burma 缅甸

Believe us, romantic man always. 相信我们，永远做浪漫男人。

India 印度

I need do important affection. 我需要实现重要的爱。

Korea 韩国

Keep optimistic romantic of every affection. 在每种爱中保持乐观浪漫。

Thailand 泰国

Total happiness always in love and never decrease. 完全沉浸在爱中，永不减少。

Sunny
浪漫心语

◎ 浪漫遍步世界各地，亚洲有内敛含蓄的浪漫，欧洲有经典时尚的浪漫，美洲有开放性感的浪漫，非洲有古老原始的浪漫。

◎ 中国的浪漫之都可不止一两个。北京的恢宏大气，上海的国际情调，香港的缤纷时尚，杭州的清雅秀丽，大连的清新静谧，青岛的别致海韵，深圳的效率革新……构成风情万种的浪漫。

◎ 浪漫随心，你若喜悦，世界上任何一个角落，都可以是一道与众不同的风景。

风花雪月的慷慨馈赠

或许在每个人的岁月里，都有浪漫的记忆，但不一定是风花雪月的故事。很多人认为，浪漫就是风花雪月，但换个角度来看，你会发现，风花雪月，也意味着大自然的慷慨馈赠。

“风花雪月”一词，出自〔宋〕邵雍《伊川击壤集序》：“虽死生荣辱，转战于前，曾未入于胸中，则何异四时风花雪月一过乎眼也。”

“风花雪月”，还是云南大理最著名的四大景观。大理的上关是一片开阔的草原，鲜花遍地，姹紫嫣红，人称“上关花”；下关则是一个山口，清风徐来，舒爽惬意，人称“下关风”；雄伟壮丽的苍山横亘大理境内，白雪皑皑，银装素裹，人称“苍山雪”；洱海风光秀美，水色如天，月光似水，人称“洱海月”。据说大理一年四季风景如画，在诸多风景名胜之中，以风、花、雪、月四景最为著名和引人入胜。1962年，著名作家曹靖华游过大理之后，对大理的风、花、雪、月四景感慨万千，留下一幅对联：上关花，下关风，下关风吹上关花；苍山雪，洱海月，洱海月照苍山雪。横批是“风花雪月”。

奥修在《爱是一朵非常脆弱的花》中说道：“树木开花，它不是一项生意；群星闪烁，它不是一项生意，你不必为它付钱，也没有人从你那里要任何东西。一只小鸟来了，停留在你的门前，唱了一首歌便快乐地飞走了，不留任何踪迹，那就是爱的成长。给予，不要等待着去观察看你能攫取多少。”

大自然是慷慨慈爱的，这正如祁平录[①]所说：“忽然发觉，在这个世界上，最珍贵的东西是免费的。阳光，是免费的。芸芸众生，没有谁能够离开阳光活下去；然而，从小到大，可曾有谁为自己享受过的阳光支付过一分钱？空气，是免费的。一个人只要活着，就需要源源不断的空气。可从古到今，又有谁为这须臾不可缺少的东西埋单？”

大自然对人类的奉献，是真善美的榜样，也带给人们无数个浪漫的享受。大地止而亦行，大海动而亦静。每一棵小草，都那么自信，我们才能看到宽广的草原；每一朵花，都那么自爱，我们才能看到百花绽放的花园。

有人请上帝描述一下世上的生活，上帝回答说：像太

① 祁平录：作家，祁氏公司创始人。

阳，早起早睡规律起落。像月亮，闪烁于黑暗但顺服更明亮的日晖；像鸟，饮食歌唱飞翔；像花，爱阳光并坚定扎根；像果实，外表美丽内在坚实；像每日，谦逊准时地临到和离开；像绿洲，献甘泉给干渴的人；像水，善良而纯净低流；像河，奔涌不息却不急功勋。人的生活虽周而复始，但只要以心为主殿，每天就能充满喜悦。

当人们品味泥土的芳香时，知道是泥土的滋养才会有鲜花的芳香，大树的长青。但泥土就是如此平凡，也如此伟大。而大地却慷慨而谦逊地说："我是上帝的工具，不断将万恩之源托付我的福佑施予万物，尽管我被授予这样的荣耀，尽管我富有到能满足一切受造物的需要，但是我是何其的谦卑！我是何其绝对恭顺地承受着人们的践踏！"

水，净化滋养万物而不争，无关尘世，无关风月。无色无味，无欲无求，慷慨地容纳一个自然。老子说"上善若水"，孔子说"智者乐水"。

提到水，就让人联想到海，还有那海的女儿的传说。安徒生童话里描述的"海的女儿"，为了爱是如此的慷慨奉献，海王最小的女儿爱上了人世间的一位王子，为了能与王子相爱并结为终身伴侣，她离开了自己的家庭和亲人，交出了自己优美动人的声音，每天忍受着无尽的痛苦。可是王子最终未能和她结婚，因为国王为王子选择了邻国的公主作为妻子。在王子成亲的第二天，随着太阳升起来，美人鱼成了泡沫，最后乘云升天而去。铜像的神态表现了美人鱼思念着王子，也思念着她的亲人。她凝视着陆地上的人类，希望成为他们中的一员，但终未能如愿以偿，因而由衷地感到忧伤和痛苦。后来，丹麦人民敬佩小人鱼的牺牲精神和高尚情操，为了永恒地纪念她，精心制作了一座小美人鱼铜雕像。

克里希那穆提说："如果你失去了与自然的接触，那么你必然会失去与其他人的联系。自然不仅仅是你小花园里面的花朵、可爱的绿地或流水，而是整个地球上的一切。我们认为自然是为了我们的使用和方便而存在的，因此失去了和地球的交流……"

在大自然的世界里，树木因为承受风吹雨打，所以浓荫密布，众鸟栖息；海水因为不辞百川，所以广阔深邃，水族群集。人，也唯有向大自然学习，秉持慷慨、不计较的胸怀才能涵容万物。

有人说，大自然的力量是强大的，人怎样学也不能如此的强大，但是，如果你没有蓝天的深邃，可以有白云的飘逸；如果没有大海的壮阔，可以有小溪的优雅；如果没有原野的芬芳，可以有小草的清醇！因为生活中没有旁观者的席位，你总要找到自己的位置，有美的胸襟，才活得坦然，而活得坦然，生活才能给予你快乐的体验，这正如梭罗所言：愉悦是廉价的，而拥有愉悦的人却是最富有的。

既然人生没有机会彩排，那么不如天天向上、向前，接受并感恩大自然的慷慨馈赠，笑看云卷云舒，迎接阳光的明媚！

王云之印
I U
执子之手，看同一个方向，此时无声胜有声。
Sunny王云作品

Sunny
浪漫心语

◎ 或许在每个人的岁月里，都有浪漫的记忆，但不一定是风花雪月的故事。很多人认为，浪漫就是“风花雪月”，但换个角度来看，你会发现，风花雪月，也意味着大自然的慷慨馈赠。

◎ 大自然对人类的奉献，是真善美的榜样，也带给人们无数个浪漫的享受。

◎ 既然人生没有机会彩排，那么不如天天向上、向前，接受并感恩大自然的慷慨馈赠，笑看云卷云舒，迎接阳光的明媚！

创意是你心灵的花园

提到创意，总有人认为那是设计师、艺术家的事情，其实，在生活中，只要有爱心和想象力，谁都可以有创意的灵感和作品。

英国《每日邮报》就曾报道过一位叫Samantha Lee的马来西亚妈妈为两个女儿准备诱人早餐的照片。李妈妈说，一开始她创作这些有故事的可爱早餐，是为了让两个女儿能听话地吃饭，因为她们总是不好好吃饭，为此她特别用心地做饭，每道菜大约需要一个半小时来创作，用的是一些简单的工具，如剪刀、牙签等，她在每个盘子中的创作题材特别丰富，有可爱的史努比、蝙蝠侠、Hello kitty等童话形象，甚至还有埃菲尔铁塔、当红歌手Lady Gaga的摩登造型，她用蛋黄酱做“胶水”，用番茄酱涂在米饭上画人物脸蛋儿，用保鲜膜来塑形，用牙签在奶酪上画出各种形状。做这些并不只是为了好看，也为了味道好，她加了许多新鲜水果和蔬菜来提升口感。

她的精美创意，让两个女儿特别顺利地吃饭，她们现在都很喜欢根据早餐盘子里生动的面孔来编故事，饭也比以前吃得多了。为此，李妈妈在社交网站上获得了几十万粉丝的关注，还接受了电视台的采访，她从没上过烹饪课，也没参加过任何培训，就是一位普通的家庭主妇。她从没想过会有这么多人喜欢她的作品，她很感激所发生的一切。

创意就是独创性或是突破性的点子，是对新事物的试验与尝试。有时候，浪漫不需要处心积虑，有时候，忘我的境界反而能产生意想不到的创意灵感。创意无限，浪漫才精彩！

在一个小村庄里，有位叫保罗的中年邮差，每天往返五十公里的路程，日复一日。二十年一晃而过，保罗发现经过几番变迁，唯独从邮局到村庄的这条路，还是尘土飞扬，令他在送信的路上总是愁眉苦脸。有一天他送完信，刚好经过一家花店，他走进花店，买了一把野花的种子，第二天，他带着这些种子撒在送信往来的路上。就这样，经过一天、两天、一个月，两个月……没多久，那条已经来回走了二十年的荒凉道路，竟开起了许多红、黄、粉各色的小花；夏天开夏天的花，秋天开秋天的花，四季盛开，永不停歇。令保罗没想到的是，这花香对村庄里的人来说，比他一辈子送达的任何一封邮件，都更令他们感到开心。

保罗很有价值感，他每天工作起来比以前情绪高涨，二十多年来一直充满尘土的路上，已经充满着花瓣的清香，他充满喜悦地吹着口哨，踩着脚踏车去送信，路上也不再孤独郁闷了。这就是保罗一个普通邮差的不平凡创意！

Sunny 浪漫心语

◎ 在生活中，只要有爱心和想象力，谁都可以有创意的灵感和作品。

◎ 创意就是独创性或是突破性的点子，是对新事物的试验与尝试。有时候，浪漫不需要处心积虑，有时候，忘我的境界反而能产生意想不到的创意灵感，创意无限，浪漫才精彩！

圣诞节的浪漫语言

西方在圣诞节以红、绿、白三色为圣诞色，圣诞节来临时家家户户都要用圣诞色来装饰。红色的有圣诞花和圣诞蜡烛，绿色的是圣诞树。圣诞树是圣诞节的主要装饰品，用砍伐来的杉、柏一类呈塔形的常青树装饰而成，上面悬挂着五颜六色的彩灯、礼物和纸花，还点燃着圣诞蜡烛。中国圣诞节的装饰是依据这些演变出来的，红绿配在中国曾不那么受欢迎，现在，你会发现，红和绿如果比例搭配得当，是非常有冲击力的互补色搭配，圣诞节的色彩就是红绿配最受欢迎的例子，营造了特有的吸引人的浪漫氛围。

1882年，一位美国诗人描绘出了圣诞老人的形象：面颊像玫瑰，鼻子似樱桃，两腮长满白胡子，每逢圣诞前便会驾着驯鹿雪橇来到村镇里，从民居烟囱爬下，送礼物给乖孩子。

传说很久以前有个心地善良的没落贵族，生活艰难，三个女儿快要出嫁了，他为没有钱给她们买嫁妆而愁眉不展。在喜庆的圣诞夜，圣诞老人决定帮助他们，就在他们家的烟囱里撒下了许多金子，正好落进了姑娘们烤在火炉旁的长筒袜子里。从此，他们过上了幸福而快乐的生活……后来，世界各地的孩子们都继承了悬挂圣诞袜的传统。《圣经》里记载，圣诞老人为儿童赠送礼品的习俗是指来自东方的圣人在耶稣降生的时候送礼物，据说英国孩子在圣诞前夕把长筒袜子放在壁炉旁，相信圣诞老人会在夜里从大烟囱下来，给他们把礼物放在红袜子里；法国的孩子把鞋放在门口，让圣婴来时把礼物放在鞋里面。小朋友们晚上会将用来装礼物的红色圣诞袜挂在床边，等待第二天早上的收礼。

欧洲可以说是圣诞节的发源地，圣诞老人的家乡在芬兰。1927年，当时芬兰电台的著名儿童时段主持人马古斯描述圣诞老人的住址是芬兰拉普兰靠近俄罗斯的地方。从此在传说中，芬兰拉普兰就成为圣诞老人的故乡。圣诞节期间很多人到芬兰体验越野滑雪、狗拉雪橇、雪地摩托等冬季运动，既惊险又刺激！

在法国，圣诞节前的四个星期被称作“圣诞前奏”。作为传统，巴黎老佛爷（Galleries Lafayette）和春天百货每年都会推出新奇璀璨的圣诞灯火，或者演绎著名的童话故事，每年这个时候，艺术家和设计师也都兴致勃勃地参与圣诞灯饰的创意设计，营造出千变万化的灯火作为献给巴黎的圣诞礼物。在香榭丽舍大道，能够感受到巴黎梦幻般的浪漫童话气氛。

圣诞节的纯粹浪漫气氛还来自于人们在教堂庆典活动，悠扬的圣歌、古老的圣经都是让你思绪飘荡的浪漫因子。现在，圣诞节已经不仅仅是一个宗教节日，更是一年一次的欢乐享受节日。在圣诞节，人们的心情都无比雀跃兴奋，人们参加各种圣诞活动，晚宴、聚会的服装也就越来越被关注。

塔莎·杜朵曾说："快乐的事，其中有一大部分也包含着愉快地等待它时的那种喜悦。快乐的节日是指在那天到来前开心地期待着，并在节日当天尽情地享受它。然后，尽可能地将这份快乐延续下去。"她绘制的圣诞节卡片都取材于这个被森林和原野包围的农场，画面色调和场景温暖动人，塔莎对大家庭的团圆、节日、礼物非常重视，主题都来自这种充满家庭欢乐、鲜花和爱的场景。

圣诞节时的服饰也充满着节日的喜悦。适宜圣诞节穿的色彩有：白色、淡粉色、淡蓝色、粉红色、红绿相间格子、紫罗兰等；服装的款式有：毛皮外套、时尚羊毛大衣、有闪光素材装饰的吊带衫或无袖衫、各种半身裙、小礼服、多彩的毛线帽等；适宜圣诞节穿的面料有：仿皮草、羊毛兔毛、各种闪光面料等。

Sunny
浪漫心语

◎ 圣诞节的色彩就是红绿配最受欢迎的例子，营造了特有的吸引人的浪漫氛围。

◎ 圣诞节时的服饰也充满着节日的喜悦。适宜圣诞节穿的色彩有：白色、淡粉色、淡蓝色、粉红色、红绿相间格子、紫罗兰等；服装款式有：毛皮外套、时尚羊毛大衣、有闪光素材装饰的吊带衫或无袖衫、各种半身裙、小礼服、多彩的毛线帽等；适宜圣诞节穿的面料有：仿皮草、羊毛兔毛、各种闪光面料等。

细节，滋养你的心灵

生活是由许许多多微妙的细节构成的，有些细节看起来微不足道，却往往暗藏玄机，也许，你就是因为疏忽了一个小小的细节，而错失了人生旅途上的许多机遇。一个人的素养，往往来自于日常生活一点一滴的细节的积累，这种积累是一种工夫。

还记得达·芬奇画蛋的故事吗？达·芬奇从小喜欢画画，父亲看他如此喜欢画画，就送他到当时意大利的名城佛罗伦萨，拜名画家佛罗基奥为师。老师不是先教他创作什么作品，而是要他从画蛋入手。他画了一个又一个，足足画了十几天。达·芬奇有些不耐烦了，老师对他说：“不要以为画蛋容易，要知道，一千个蛋当中从来没有两个是形状完全相同的；即使是同一个蛋，只要变换一个角度去看，形状也是不同的。所以，让你画鸡蛋就是练习你的观察力和绘画技巧，这是画好画必须具备的基本功。以后不论画什么就都能得心应手了。”达·芬奇明白了老师的用心，就更加认真地注意素描的每一个细节，后来练就了扎实的绘画基本功，终于成为一代宗师。

可见，培养注重细节的好习惯，提高善抓细节的能力，才能把个人潜在的智慧和力量更有效地发挥出来。

美国前国务卿基辛格博士，长期坚持让自己的下属不断地培养对细节关注的习惯。有一次，他的助理呈递一份计划给他，几天之后，助理问他对其计划的意见。基辛格问道：“这是你所能做的最佳计划吗？”助理不自信地犹豫了一下，说他还需改进一下的，基辛格立即把那个计划退还给他。两周之后，助理再次呈上了自己的计划。几天后，基辛格请他来办公室，同样问道：“这的确是你所能拟订的最好计划了吗？”助理后退了一步，谨慎地说：“也许还有一两点细节可以再改进一下……”后来，这位助理废寝忘食地工作了三周，计划终于完成了，他可以非常自豪地走入基辛格的办公室，将该计划呈交给国务卿，当再次听到那熟悉的问题“这的确是你能做到的最最完美的计划了吗？”时，助理激动地说：“是的。国务卿先生！”基辛格也露出了欣然的微笑，他通过这种严格的要求来训练下属怎样才能注重细节，做好一份完美的计划书。

“天下难事，必作于易；天下大事，必作于细”之类的道理，人们似乎已是耳熟能详，很多人已经知道细节对事业来说举足轻重。但在生活中，细节也同样起到非同小可的作用。因为，快乐并不在于你拥有什么或正在做什么，而在于对每个细节的把握。只要你愿意，你会在每个细节中发现幸福和快乐！

浪漫的情怀孕育在日常生活中的点点滴滴，一颦一笑，一个目光，一个身影，一个瞬间，都可以是最珍贵的浪漫财富。

浪漫是什么？幸福又是什么？这并没有一个约定俗成的完整定义。快乐是由一串串细节的记忆构成的，这或许是在悠长的绿荫道上，恋人轻靠着你肩膀停留在耳际低声细语；或许是在人来人往的步行街，有人手牵着手陪你一步步乐此不疲地闲逛；抑或是光着脚丫在海边沙滩，嬉戏追逐，精心挑选那多彩的贝壳……

连岳说："我们会这么爱一个人，可能就是因为他（她）与我们共享了许多细节，爱情就安放在这些地方，微小到一天可以细分出一万个点。"感情中有很多奇怪的伤心与喜悦，是很个性化的经历。某一句话，某一扇窗户，某一个游乐场，都有可能成为两个人爱情中的隐语，他人没有密码得以进入这个迷宫。

如果把人比作猴皮筋，受外界的拉伸就会有压力，其实，不要因为一点反弹就害怕，往日的喜悦与自在早已储存在你身体里呢，总能找回原有的弹性节奏。只要关注细节的美好，就能够让你有达成的满足感，做好细节，就能让皮筋恢复自然的弹性，灵动舒展。这样一来，浪漫就是一种充满细节的积极的生活态度。

王云之印
细节的创意，
让平淡变得有趣。
Sunny王云作品

Sunny
浪漫心语

◎ 生活是由许许多多微妙的细节构成的，有些细节看起来微不足道，却往往暗藏玄机，一个人的素养，往往来自于日常生活一点一滴的细节的积累，这种积累是一种工夫。

◎ 浪漫的情怀孕育在日常生活中的点点滴滴，一颦一笑，一个目光，一个身影，一个瞬间，都可以是最珍贵的浪漫财富。只要你愿意，你会在每个细节中发现幸福和快乐！

◎ 如果把人比作猴皮筋，受外界的拉伸就会有压力，其实，只要关注细节的美好，就能够让你有达成的满足感，做好细节，就能让皮筋恢复自然的弹性，灵动舒展。这样一来，浪漫就是一种充满细节的积极的生活态度。

减点你的猫性和兽性

所谓相由心生，就是说一个人的相貌是可塑的，人的心灵对他的外表有很大的影响，你可以用自己的行为和思想来改变自己的相貌。内在的真善美能使人容光焕发，你做过的事，说过的话，动人之处都会点点滴滴地积累起来，慢慢地令你周身散发出灿烂的光芒。真正的美，是从心灵深处所散发出来的自信。

琳达是个总爱低着头的小女孩，她有点腼腆，一直觉得自己长得不够漂亮。有一天，她到饰物店去买了只粉色的蝴蝶结，店主不断赞美她戴上蝴蝶结挺漂亮，琳达虽有点不信，但是心里美滋滋的，情不自禁地昂起了头，急于让大家看看，出门与人撞了一下也没在意。琳达走进教室，迎面碰上了她的老师，老师拍拍她的肩，称赞她挺胸抬头很美，那天，她还得到了许多人的赞美。她想，这一定是新买的蝴蝶结的功劳，可往镜前一照，用手一摸，她发现头上根本就没有蝴蝶结，原来，她出饰物店时，与人一碰把蝴蝶结给弄丢了。

可见，无论是美若天仙，还是相貌平平，只要你自信，快乐会使你变得更可爱。比如微笑，也是世界上一种珍贵的自信礼物；和言善语，加上自然流露的微笑，有时胜过千娇百媚。微笑是心灵的美容剂，也是女人最好的化妆品，它传递真情，如浴春风，照亮了每个人的心灵。浪漫的人不会老，爱笑的人更年轻。

六世班禅仓央嘉措说："我问佛：为何不给所有女子闭月羞花的容颜？ 佛曰：那只是昙花的一现，用来蒙蔽世俗的眼，没有什么美可以抵过一颗纯净仁爱的心，我把它赐给每一个女子，可有人让它蒙上了灰。"

一对夫妇好不容易订到了火车票，上车后却发现有位女士坐在他们的位子上，先生示意太太坐在她旁边的位子上，却没有呵斥那位女士让位，太太坐定后仔细一看，发现那位女士右脚有点不方便，才了解先生为何不请她起来，这位先生就这样一直站到了台北。

下了车后，太太心疼地说："你让位是善行，我支持，但是从我们上车的地方到台北这么久，中途你可以请她把位子还给你，换你坐一坐呀？"

先生却说："人家不方便一辈子，我们就不方便这三个小时而已！"太太听了不仅感动，而且心生敬意，觉得这话让世界都变得更加美好了。

阴阳两极，相依互补，微妙转换，不只象征男人和女人，每个人自身的个性中，也有阴阳不同比例转换的节奏。

这位先生那慈悲友爱的一句话，不仅体现了他的仁慈与修养，还能将善念传递给别人，也让这周遭的世界变得更加善美和谐。

如果用猫性和兽性来形容女人的狡黠狐媚或男人的暴躁强悍，人难免有点动物的劣根性，而人是高级的精神动物，无论何时何地，善良、真挚、自信、快乐，都是人类最美的音符。

Sunny 浪漫心语

◎ 内在的真善美能使人容光焕发，你做过的事，说过的话，动人之处都会点点滴滴地积累起来，慢慢地令你周身散发出灿烂的光芒。真正的美，是从心灵深处所散发出来的自信。

◎ 一句和言善语，不仅体现了一个人的仁慈与修养，还能将善念传递给别人，也让这周遭的世界变得更加善美和谐。

◎ 如果用猫性和兽性来形容女人的狡黠狐媚或男人的暴躁强悍，人难免有点动物的劣根性，而人是高级的精神动物，无论何时何地，善良、真挚、自信、快乐，都是人类最美的音符。

幸福是灵魂的香味

一提到“浪漫”这个词，人们难免会联想到风花雪月，花前月下，也有人说，整日为现实奔波的人，还哪有时间浪漫呢？其实，在浪漫面前，时间和金钱都不是借口，浪漫与幸福感有异曲同工之妙，有人把幸福比喻成上帝掷到人间的一块费尽心思的诱饵，而幸福经常是一种可意会不可言传、笑而不语的精神体验，浪漫与幸福都是一种令人雀跃的情绪感受，是一种心境、一种情怀，一种积极的人生态度。幸福感，让浪漫落地生根。

罗曼·罗兰（Romain Rolland）在《约翰·克利斯朵夫》中写道：“幸福是一种灵魂的香味”，想象一下，散发着香味的灵魂是何等的浪漫美好，那么什么才能让人有幸福的满足感呢？芭芭拉·安吉丽思（Barbara De Angelis）说：“生活乃是由内而外。如果你很快乐，原因是你的心灵活动，如果你很悲伤，原因也是你的心灵活动，你的世界就是你所有的心灵活动。”

在这个喧嚣与浮躁的时代，获得一片宁静，是一种奢侈，信仰让人找回自性，回归内心的宁静与淡定。这样一来，最大的奢侈品应该是你自己，你要倾听自己内心的呼唤，开启独特的人生之旅，让美好的自己绽放出来，而世界上最独一无二的奢侈品，就是你自己。

奥修说：“爱的流动和成长不需要完美，爱和另外一个人没有关系，一个有爱心的人只是在爱，就像一个活着的人要呼吸、喝水、吃饭和睡觉似的。” 左小祖咒①则说：“当你忘了自己的过去，满意自己的现在，漠视自己的未来，你就站在了生活的最高处；当你以微笑的心想到了过去，以希望的心向前看，以宽厚的心向下看，以坦然的心向上看时，你就站在了灵魂的最高处。”

美国作家欧·亨利（O. Henry）在他的小说《最后一片叶子》里讲了这样一个故事：病房里，一个生命垂危的病人从房间里看见窗外的一棵树，叶子逐渐在秋风侵袭中一片片地掉落下来。病人望着眼前的萧萧落叶，身体也随之每况愈下，一天不如一天。他说当树叶全部掉光时，他也就要死了。一位老画家得知后，用彩笔画了一片叶脉青翠的树叶挂在了树枝上。于是这最后一片叶子始终没掉下来。只因为生

① 左小祖咒：富有传奇色彩的摇滚师、当代艺术家。

命中的这片绿，病人竟奇迹般地活了下来。

可见，这位充满爱心的浪漫画家，给予了病人生命的动力，只要心存信念，总有奇迹发生，用爱给予希望的地方，生命就会生生不息！

有人说，你若渴了，水便是天堂；你若累了，床便是天堂；你若是痛苦，快乐便是天堂。还有人说，幸福就是外面飘着雪刮着风，可以和爸爸妈妈在一起吃热气腾腾的饭菜；幸福就是在意想不到的时候看到自己喜欢的人；幸福就是在冬季的午后，躺在阳台的摇椅上，暖洋洋地晒着太阳……

塔莎·杜朵说："仅只是活着就值得感谢了，这世界依然如此美好，即使是早已见惯的天上的星辰，若是想着一年或许只能看到它一次，仍会满心感动，无论什么事，都试着这么想，如何？"奥修也说："每当你享受着某件事时，你跟自己是在一起的，你也跟整个宇宙在一起。生命是爱的另一个名字，而爱正是对美的细腻体察。"

清晨，每当你被欢快的小鸟唤醒，推开窗户，放眼望着蓝蓝的天，绿绿的草，晶莹的露珠时，你会感恩上天赋予你美好崭新的一天，你将感恩阳光的照耀，感谢丰富多彩的生活，让你在漫长的岁月里绽放出幸福的笑容！

Sunny
浪漫心语

◎ 广义的“浪漫”，是生活的蜜糖，是心灵的咖啡，是幸福的香味！

◎ 在浪漫面前，时间和金钱都不是借口，浪漫与幸福感有异曲同工之妙，有人把幸福比喻成上帝掷到人间的一块费尽心思的诱饵，而幸福经常是一种可意会不可言传、笑而不语的精神体验，浪漫与幸福都是一种令人雀跃的情绪感受，是一种心境、一种情怀，一种积极的人生态度。幸福感，让浪漫落地生根。

◎ 回归内心的宁静与淡定，倾听自己内心的呼唤，开启独特的人生之旅，让美好的自己绽放出来，而世界上最独一无二的奢侈品，就是你自己；你会感恩宇宙赋予你崭新的每一天，感恩阳光的照耀，感谢丰富多彩的生活，让你在漫长的岁月里绽放出幸福的笑容！

后记

浪漫，是你心灵的力量

法国前总理拉法兰先生曾用中国的阴阳平衡来比喻说：“如果浪漫是阴的一面，那么科技就是阳的一面”。美国作家丹尼尔·平克（Daniel H. Pink）预言人类已进入了注重创新与同理心的高感性时代。而我认为，浪漫，就是一种触动你心灵的感性力量。

浪漫，是一个非常宽广的灵性词语。你的心，就是你的世界，拥有无限的力量，在每时每刻，传递着对人、事、物的感悟与情愫。在那山那水、那花那草面前，谁的心中没点诗情画意呢？谁都可以浪漫，这里所说的浪漫是广义的，不只限于通常所理解的谈情说爱。在这本书里，我试图让浪漫散发着历史感和未来感，穿越古今，贯穿中西，可以诠释不同人的浪漫表达方式。

浪漫，是一种积极的人生态度，一种时尚精神，一种心灵情怀，甚至是你灵魂所散发的特有香味……

浪漫的宽厚精髓在于，它让你的生命充满着种种可能，既可以是你豪情万丈的事业梦想，也可以是你小家碧玉般的细节关爱；既可以是你离开舒适区的勇敢之举，也可以是你踏实过日子时的一份小惊喜。而更多的或许是，让你能够在不经意间把平淡无奇的生活变得妙趣横生。

浪漫是人生不可缺少的一种格调、一种情感体验。浪漫其实很简单，无论你是谁，男女老少、高矮胖瘦，动静美丑，在天地人之间，总有真善美之爱，只要细心品味，浪漫无处不在。

“浪漫”，不是一个刻意的标签，你是不是浪漫的人，这不重要，但只要你有“三心二意”，那你就一定会自然散发出属于你的活力与能量。“三心”是指：感恩之心、热忱之心、内驱之心；“二意”是指：敬畏之意、创新之意。

人生，是一个成长与体验的过程，在这个过程里，浪漫的情怀就好比一颗颗神奇的种子，让你充满希望，跨越障碍，超越自我，化腐朽为神奇。

当你情绪低落，或者内心有两个不同的声音正在纠结时，还有能力让自己洋溢着浪漫的情怀，去追求阳光雨露的润泽，去拓展生命的维度和深度，用自我内驱力去创造一个与众不同的节奏。这就是浪漫的力量！

我写这本书，只希望带着读者一起感悟浪漫的积极意义，而德国浪漫哲学的代表人物弗·施莱格尔和诺瓦利斯则强调，浪漫主义属于公认具有永久现实意义的世界文化现象。那些能够为自己负起责任来的人，则会诉求浪漫，毕竟，能让你的生命光彩照人的只有你自己，也只有你自己能够承担起自我绽放的责任！

本书的出版，特别感谢杨立范老师、姚成龙老师、陈斌惠老师的支持，非常感谢我的责任编辑郝静的支持和配合！

感谢《时尚·COSMOPOLITAN》主编徐巍对本书的特别推荐！感谢许志强老师的支持！

感谢家人的支持！感谢那些一直给予我关爱与关注的朋友、读者和网友们！

希望这本书，能让你们收获一份触手可及的感动与慰藉，伴你走向更加美好的未来！

你的朋友　王云（sunny）

2015年1月1日于京

浪漫梦想测试

1

2

3

4

5

6

7

8

9

10

11

12

13

14

15

16

17

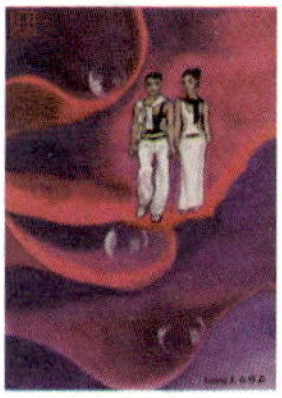
18

19

20

21

22

23

24

25

26

请凭直觉从26张插画中挑选一张你最喜欢的，选中的那张，就是你此刻的心灵密码。答案请在下一页查看！

此时此刻，你的浪漫梦想是什么呢？

1. 你热爱大自然，运动细胞发达，希望构建简单、有活力的感情关系，喜欢小动物，期待浪漫的旅行！

2. 你内心浪漫多情，情感充沛，唯美动人，对人体贴，希望自己的生活充满诗情画意，相信爱的力量！

3. 你有少女情怀，有永远做公主的梦想，喜欢多彩的人生，若是男士，则喜欢有公主气质的女生。

4. 你向往隐居的田园生活，闲适而充满艺术气息，你很淡定，总能静下心来，享受自己内心的宁静。

5. 你是一个憧憬甜蜜的人，不仅喜欢巧克力甜点的味道，更陶醉于温馨节日里柔情蜜意的浪漫氛围。

6. 你重视内心的宁静，不管外界如何喧嚣，你总能放松下来，去大自然中主动解压，调适自己的心境！

7. 你是时尚达人，喜欢冒险，渴望有美好的意外惊喜，独立而有主见，喜欢有点戏剧化情节的感情经历！

8. 你渴望爱情像玫瑰一样浓郁绽放，却难免要应对让你焦虑的问题和困惑，真想知道，什么是爱情圣经！

9. 你有很高的人生标准，有点自恋，有企图心，生活欲望较强，追求浪漫，同时，也具有诙谐幽默感！

10.你一直有浪漫的小梦想，但你很重视自己目标的实现，能够清晰地认知自己的过去、现在和未来！

11.你是有内在智慧的，崇尚阴阳互补的和谐关系，你对爱的梦想不仅在形式上，更重视个性的契合！

12.你爱美，渴望自由，仁慈，既不想限制自己，也不想去束缚别人，希望享受自在闲适的生活节奏！

13.你重视个人形象，有尊贵的气质，重视自己和别人的精神层面需求， 时常会自省，渴望知己知彼！

14.你热爱家庭，喜欢孩子，渴望其乐融融的家庭气氛，希望家人能够健康快乐，日子过得欢乐有趣！

15.你是个非常阳光的人，你童心未眠，明朗单纯，不喜欢阴暗和复杂的事情，你也希望和同样的人相处！

16.你多愁善感，有艺术天分，你需要时间让自己慢慢地思考，拨云见日之时，你将释放更多的内心力量！

17.你是一个美食控，很乐观，只要一点点小事，就能让你很满足，放下烦恼，快乐，对你来说很容易！

18.你个性鲜明，品位超群，喜欢运动，追求梦幻般的人生，希望备受瞩目，重视伴侣之间的和谐关系！

19.你有青春活力，喜欢时尚动感的小资生活，能和同性朋友很好的相处，喜欢动物，渴望生活多彩多姿！

20.你忠实于自我的梦想，有非常可贵的宇宙观，心胸开阔，有信仰，有内驱力，渴望获得更多的精神能量！

21.你很有个人魅力，风情万种，有自信，并能欣赏别人，以和为贵，你同样也期望别人对你的欣赏和爱戴！

22.你有点清高，神秘优雅，有文化内涵，喜欢独处，却有点寂寞，内心充满诗情画意，渴望有人懂你！

23.你的情感非常细腻，有点脆弱，怕受伤害，但内心的执着，激励你在浪漫多情的梦想世界中自我陶醉！

24.你对潮流很敏感，社交广泛，喜欢都市的生活节奏，有逆向思维，能够同时处理很多事情而乐此不疲！

25.你的生活似乎不能缺少音乐，渴望激情，对生活充满热望，既喜欢二人世界，又喜欢热闹的社交生活！

26.你与众不同，很有创意，总能在平淡的生活中制造浪漫，恋爱顺利，希望与恋人执子之手，与子偕老！